新工科

微课版

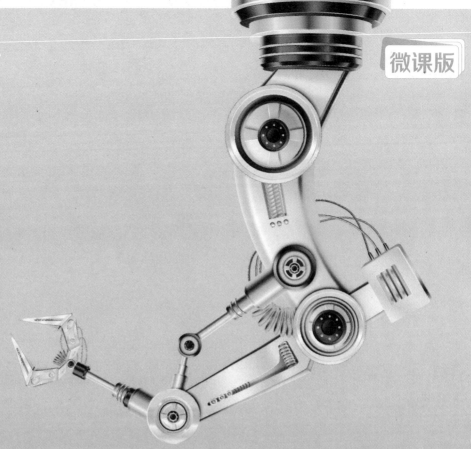

21世纪技能创新型人才培养规划教材　人工智能系列

工业机器人
基础与实用教程

主　编　王元平　李旭仕

副主编　欧阳雅坚　马党生

　　　　刘伟荣　李　龙

Gongye Jiqiren
Jichu yu Shiyong
Jiaocheng

中国人民大学出版社
·北京·

机器人既是先进制造业的代表，也是"中国制造2025"确定的重点发展领域。工业机器人的发展和应用，是我国制造业走向高端化和智能化的重要一步。目前，我国工业机器人产业正呈现"快速成长"和"国产替代"的双重重要特征。

相比大多数传统的机械手设备，工业机器人在灵活度、可靠性和耐用性方面优势明显，可在有效降低制造过程对劳动力依赖程度和成本的同时大幅提高产品的质量和稳定性，其应用领域非常广泛，包括：机床作业、侦查检测、设备维修、医疗器械、航海航天、交通运输、影视制作以及生化科技等。随着传统劳动力岗位逐渐被机器人所取代，新的岗位应运而生，如机器人操作人员、机器人应用工程师和机器人维修技术员等，这类智能制造人才随着机器人大量使用变得愈加急缺。

为助力行业发展，培养适应新时代产业需求的人才，我们编写了《工业机器人基础与实用教程》一书，本书以ABB工业机器人为载体，主要讲解工业机器人的基础操作与简单编程，以及工业机器人的组成和基本维护方法。

本书编写特点如下：

（1）以培养技能人才为目标，将课堂教学内容和现代企业实践有机结合，教学内容紧扣未来学生实际工作需要，引导学生主动学习、拓展视野、探究问题，注重培养学生的动手能力。

（2）采用"单元—任务"编写模式，以工作任务为中心组织教学内容，并以完成任务为最终目标，在实际工作情境中培养职业能力，体现知识技能岗位化、岗位问题化、问题教学化、教学任务化、任务行业标准化，增强教材的实用性。

（3）产教融合，校企合作。本书以广东省农工商职业技术学校和深圳市拓野机器人自动化有限公司合作办学成果为依托，以后者所建的培训学院实际项目为案例，实现了理论知识与实际工作的无缝衔接。

（4）基础教学和实操技能训练一体化。本书采用"实体书＋立体资源"的形式讲解知识点及实操技能，直观易懂，易于读者接受和掌握。每个单元结尾均提供技能训练题，供读者检测知识掌握水平。

　　本书由王元平、李旭仕担任主编，欧阳雅坚、马党生、刘伟荣、李龙担任副主编。本书在编写过程中得到了深圳市拓野机器人自动化有限公司机器人学院杨锡茂经理的大力支持，特别对其在教学资源和技术设备的提供等方面的鼎力协助表示由衷感谢！广东省农垦湛江技工学校的谢银文、张圣政两位老师参与了本书编写。

　　本书在编写过程中参考了一些文献资料，在此对相关作者表示衷心感谢！由于编者水平有限，书中难免存在错误和疏漏之处，敬请读者不吝赐教。

编者

目录
CONTENTS

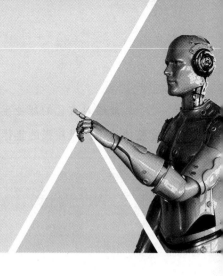

单元一

认识工业机器人

单元导读

随着时代的发展和科技的进步，机器人已经广泛应用于多个领域。在日常生活中，机器人给我们带来了很多方便和快乐；在工业领域，机器人的应用早已非常普遍，实现了办公作业高度自动化，推动着各行各业快速发展。

现在，在工业全球化理念的驱使下，各个国家和地区的工业市场竞争非常激烈。我国在 2015 年提出"中国制造 2025"这一宏大计划，将机器人列为十大重点发展领域之一。2016 年 12 月，工业和信息化部制定了《工业机器人行业规范条件》，旨在加强工业机器人产品质量管理，从综合条件、企业规模、质量要求、研发创新能力、人才实力等方面对工业机器人本体生产企业和工业机器人集成应用企业提出要求，并且得到了国家和地方在政策上的大力支持。可见，国家非常重视和支持工业机器人领域的教育与发展，工业机器人应用前景广阔。

本单元共 4 个任务，主要讲述了工业机器人的发展、分类、应用、操作基础，以及工业机器人的性能、技术参数、安装调试等，有助于读者对工业机器人有一个综合性的认识。

重点难点

◆ 工业机器人的系统组成。

◆ 工业机器人的控制器面板、示教器以及相关技术参数。

◆ 工业机器人的关键技术。

能力要求

◆ 能识别工业机器人各部件。

◆ 能读懂工业机器人相关技术参数。

思政目标

◆ 能够对自己的职业生涯规划有深入的认知，对工业机器人相关岗位工作内容及流程有整体认识，有较强的集体意识和团队合作精神。

任务 1 工业机器人的发展、分类和应用

任务描述

本任务首先对工业机器人的基本概念和发展情况做一介绍，使读者对工业机器人有一个初步的认识，然后讲解工业机器人的分类和应用，使读者对工业机器人的实际应用情况有一个形象的认识。

任务目标

1. 了解工业机器人的概念和发展趋势。
2. 了解工业机器人的分类和应用。

知识链接

一、工业机器人的概念

工业机器人是指应用于工业领域的多关节机械手或多自由度的机器装置，通常由机械结构、伺服电动机、减速机和控制系统组成，能自动执行工作，是一种靠自身动力和控制能力来实现多种功能的机器。它可以接受人类指挥，也可以按照预先编排的程序运行，现代工业机器人还可以根据人工智能技术制定的原则和纲领行动。如图 1-1 所示为典型的工业机器人。工业机器人是一门多学科交叉的综合学科，涉及机械工程、电子技术、计算机技术、自动控制理论及人工智能等学科领域，它不是现有机械、电子技术的简单组合，而是这些技术有机融合的一体化装置。工业机器人技术应用非常广泛，上至外太空开发，下至海洋探索，各行各业都离不开工业机器人的开发和应用。工业机器人的应用程度是衡量一个国家工业自动化先进水平的重要标志。随着工业机器人技术的不断发展，新的机型、新的功能不断涌现，人们对工业机器人的定义还将不断更新。

图 1-1 工业机器人

二、工业机器人的显著特点

（1）可编程。生产自动化的进一步发展是柔性启动化。工业机器人可随其工作环境变化的需要而再编程，因此它在小批量、多品种、具有均衡高效率特点的柔性制造过程中能发挥很好的功用，是柔性制造系统中的重要组成部分。

（2）拟人化。在机械结构上，工业机器人的行走、腰转、大臂、小臂、手腕、手爪等机构均与人的相关部位类似；机器人的行动靠电脑控制，正如人的行为靠大脑控制一样。此外，智能化工业机器人还有许多类似人类的"生物传感器"，如皮肤型接触传感器、力传感器、负载传感器、视觉传感器、声觉传感器、语言功能等。传感器提高了工业机器人对周围环境的自适应能力。

（3）通用性。除了专门设计的、专用的工业机器人外，一般工业机器人在执行不同的作业任务时均具有较好的通用性。比如，只需更换工业机器人手部末端操作器（手爪、工具等）便可执行不同的作业任务。

（4）综合性。工业机器人技术涉及的学科相当广泛，归纳起来是机械学和微电子学的结合——机电一体化技术。第三代智能机器人不仅具有获取外部环境信息的各种传感器，还具有记忆能力、语言理解能力、图像识别能力、推理判断能力等人工智能，这些都是微电子技术的应用，特别是和计算机技术的应用密切相关。

因此，机器人技术的发展必将带动其他技术的发展，机器人技术的发展和应用水平也可以验证一个国家科学技术和工业技术的发展水平。

三、工业机器人的发展

1. 工业机器人在美国的发展情况

1959 年美国乔治·德沃尔与发明家约瑟夫.英格伯格联手制造出了世界上第一台工业机器人，随后第一个工业机器人公司——Unimation 在美国诞生，公司名字是"universal"和"animation"的缩写，意思是"万能自动"，开创了机器人发展的新纪元。20 世纪 60 年代到 70 年代，美国的工业机器人主要处于研究阶段，只是几所大学和少数公司开展了相关的研究工作。当时，美国政府并未把工业机器人列入重点发展项目，特别是，美国当时失业率高达 6.65%，政府担心发展机器人会造成更多人失业，因此既未投入财政支持，也未组织人员研制机器人。70 年代后期，美国政府和企业界虽对工业机器人的制造和应用认识有所改变，但仍将技术路线的重点放在研究机器人软件及军事、宇宙、海洋、核工程等特殊领域的高级机器人的开发上，致使日本的工业机器人后来居上，并在工业生产应用及机器人制造方面很快超过了美国，产品在国际市场上形成了较强的竞争力。

2. 工业机器人在日本的发展情况

1967 年，日本成立了人工手研究会（现改名为仿生机构研究会），同年召开了日本首届机器人学术会。19世纪70年代的日本正面临着严重的劳动力短缺问题，其已成为制约其经济发展的一个主要问题。毫无疑问，在美国诞生并已投入生产的工业机器人给日本带来了福音。1967年，日本川崎重工业株式会社首先从美国引进机器人及技术，建立生产厂房，并于1968年试制出第一台日本产unimate机器人。经过短暂的摇篮阶段，日本的工业机器人很快进入实用阶段，并由汽车业逐步扩大到其他制造业以及非制造业。1980年被称为日本的"机器人普及元年"，日本开始在各个领域推广使用机器人，这大大缓解了市场劳动力严重短缺的社会矛盾。再加上日本政府采取的多方面鼓励政策，这些机器人收到了广大企业的欢迎。1980—1990年日本的工业机器人产业处于鼎盛时期，虽然后来国际市场曾一度转向欧洲和北美，但日本经过短暂的低迷期后又恢复其昔日的辉煌。随后，工业机器人在日本得到了巨大发展。

3. 工业机器人在德国的发展情况

德国工业机器人的数量占世界第三，仅次于美国和日本，其智能机器人的研究和应用在世界上处于领先地位。目前，在普及第一代工业机器人的基础上，第二代工业机器人经推广应用已成为主流安装机型，而第三代智能机器人则已占有一定比重并成为发展的方向。德国的KUKA Roboter Gmbh公司是世界顶级工业机器人制造商之一。该公司于1973年研制开发了自己的第一台工业机器人，年产量达到一万台左右。其生产的机器人广泛应用在仪器、汽车、航天、食品、制药、医学、铸造、塑料等工业，主要用于材料处理、机床装备、包装、堆垛、焊接、表面休整等。

4. 工业机器人在瑞典的发展

瑞典的ABB公司是世界上最大的机器人制造公司之一，1974年研发了世界上第一台全电控式工业机器人IRB6，主要应用于工件的取放和物料搬运。1975年，ABB生产出了第一台焊接机器人。1980年，ABB兼并Trallfa喷漆机器人公司后，其机器人产品趋于完备。ABB公司制造的工业机器人广泛应用在焊接、装配铸造、密封涂胶、材料处理、包装、喷漆、水切割等领域。

5. 工业机器人在我国的发展情况

我国的工业机器人产业起步于20世纪70年代初，其发展过程大致可分为3个阶段：70年代的萌芽期；80年代的开发期；90年代的实用化期。中国科学院沈阳自动化研究所是我国最早研制机器人与人工智能的科研单位。1979年，沈阳自动化研究所在全国率先提出了机器人的研制方案，并付诸行动。1982年4月，我国第一台示教再现工业机器人样机研制成功，可重复再现通过人工编程存储起来的作业程序。同期，哈尔滨工业大学、机械部等单位也开始研制工业机器人。20世纪80年代后期，国家投入资金，研制出喷涂、点焊、弧焊和搬运机器人。90年代，沈阳自动化研究所自主研制成功了国产自动导引车，并第一次无故障运转在国内汽车生产线上，并在1994年和韩国某公司签订了协议，首次实现了技术出口，一举改写了中国机器人技术只有进口没有出口的历史。

2000 年 4 月，中国科学院沈阳自动化研究所成立新松机器人自动化股份有限公司，标志着中国工业机器人走上了产业化发展道路。十八大召开以后，我国机器人市场进入高速增长期，2014 年，我国首创了重载双移动机器人系统，能让两个 40 吨的重载 AGV（自动导引车）协同工作；2017 年，我国首台拥有自主知识产权的真空机器人研制成功，可以在真空环境下水平移动重达 16 公斤的半导体材料。目前，我国已生产出部分机器人关键元器件，开发出弧焊、点焊、码垛、装配、搬运、注塑、冲压、喷漆等工业机器人。一批国产工业机器人已服务于国内诸多企业的生产线；一批机器人技术的研究人才也涌现出来；一些相关科研机构和企业已掌握了工业机器人操作机的优化设计制造技术，工业机器人控制、驱动系统的硬件设计技术，机器人软件的设计和编程技术，运动学和轨迹规划技术，弧焊、点焊及大型机器人自动生产线与周边配套设备的开发和制备技术等。某些关键技术已达到或接近世界先进水平。

我国工业机器人市场正在进入加速成长阶段，国际机器人联合会预测我国未来工业机器人销量会维持 20% 左右的增速。从我国工业机器人的销量可以看出：外资机器人在推动市场高速发展，外资品牌占据了绝大部分的市场份额，国内自主品牌机器人在销量上有所增加，但所占份额仍然较少；从机械结构看，多关节机器人在中国市场中的销量位居各类型机械人的首位，成为国产机器人的主力机型；从应用领域看，搬运和上下料机器人依然是推动中国机器人市场快速增长的首要应用领域。

四、工业机器人的技术趋势

目前，工业机器人技术正朝着模糊控制、智能化、通用化、标准化、模块化、高精化、网络化及自我完善和修复能力等方向发展。第一，模糊控制是利用模糊数学的基本思想和理论的控制方法。对于复杂的系统，由于变量太多，用传统控制模型难以正确描述系统的动态，此时便可以用模糊数学来处理这些控制问题。未来机器人的主要特点在于其具有更高的智能。随着计算机技术、模糊控制技术、专家系统技术、人工神经网络技术和智能工程技术等高新技术的不断发展，工业机器人的工作能力将会有突破性的提高及发展。第二，工业机器人的组件及构件实现通用化、标准化、模块化是降低成本的重要途径之一。第三，随着制造业对机器人要求的提高，开发高精度工业机器人是必然的发展趋势。第四，目前应用的机器人大多仅实现了简单的网络通信和控制功能，如何使机器人由独立的系统向群体系统发展，实现远距离监控、维护及遥控是目前机器人研究的热点之一。第五，机器人应该具有自我修复的能力，这样才能更好地避免因为突发状况而导致的生产停顿。当出现错误指令时应能够自行报警或调试；当元器件损坏时可以自行修复。

五、工业机器人的分类

工业机器人的分类没有统一的规定，通常按照机器人的技术等级和结构坐标特点划分。

1. 按照技术等级分类

按照技术等级，工业机器人可分为以下 3 种：

（1）示教再现机器人。第一代工业机器人，能够按照人类预先示教的轨迹、行为、顺序和速度重复作业。示教分为两种形式：一是可由操作员手把手示教，即操作人员握住机器人上的喷枪，沿喷漆路线示范一遍，机器人记住这一连串运动，工作中自动重复这些运动，从而完成给定位置的涂装工作。二是通过示教器示教，即操作人员利用示教器上的开关或按键来控制机器人一步一步运动，机器人自动记录，然后重复。

（2）感知机器人。第二代工业机器人，具有环境感知装置，对外界环境有一定感知能力，并且具有听觉、视觉、触觉等功能。工作时根据感觉器官（传感器）获得信息，灵活调整自己的工作状态，保证在适应环境的情况下完成工作，目前已经进入应用阶段。

（3）智能机器人。第三代工业机器人，具有发现问题，并且能自主解决问题的能力，尚处于实验研究阶段。

2. 按照结构坐标特点分类

按照结构坐标特点，工业机器人可分为以下 4 种：

（1）直角坐标机器人。机器人的手部可以在 X、Y、Z 方向移动，构成一个直角坐标系，运动是独立的（有 3 个独立自由度），其动作空间为一长方体，如图 1-2 所示。其特点是控制简单、运动直观性强、易达到高精度，但操作灵活性差、运动的速度较低、操作范围较小且占据的空间相对较大。

（2）圆柱坐标机器人。机器人机座上有一个可水平旋转的基座，在基座上装有互相垂直的立柱和水平臂，水平臂能上下移动和前后伸缩，并能绕基座旋转，其动作空间为圆柱面（具有一个回转和两个平移自由度），如图 1-3 所示。其特点是工作范围较大、运动速度较高，但随着水平臂沿水平方向伸长，其线位移分辨精度越来越低。

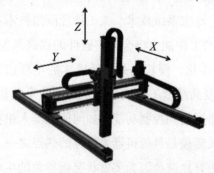

图 1-2　直角坐标机器人

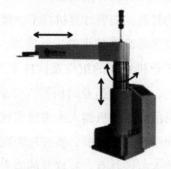

图 1-3　圆柱坐标机器人

（3）极坐标机器人（球坐标型）。机器人工作臂不仅可绕垂直轴旋转，还可绕水平轴做俯仰运动，且能沿手臂轴线做伸缩运动（其空间位置分别有旋转、摆动和平移 3 个自由度），如图 1-4 所示。著名的 Unimate 机器人就是这种类型的机器人，其特点是结构紧凑，所占空间小于直角坐标和圆柱坐标机器人，但仍大于多关节坐标机器人，操作比圆柱坐标机器人更为灵活。

（4）多关节坐标机器人。机器人由多个旋转和摆动机构组合而成。其特点是操作灵活性好、运动速度快、操作范围大，对喷涂、装配、焊接等多种作业都有良好的适应性，应用范围广。摆动方向主要有铅垂方向和水平方向两种，因此这类机器人又可分为垂直多关节机器人和水平多关节机器人。目前，世界工业界装机最多的多关节机器人是串联关节垂直六轴机器人，如图 1-5 所示，以及 SCARA 型四轴机器人。

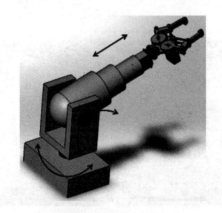

图 1-4 球面坐标机器人

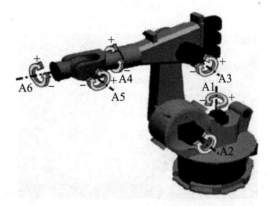

图 1-5 垂直六轴机器人

1）垂直多关节机器人。操作机由多个关节连接的机座、大臂、小臂和手腕等构成，大、小臂既可在垂直于机座的平面内运动，又可实现绕垂直轴的转动。模拟了人类的手臂功能，手腕通常由 2 ～ 3 个自由度构成，其动作空间近似一个球体，所以也称为多关节球面机器人。其优点是可以自由地实现三维空间的各种姿势，可以生成各种形状复杂的轨迹。

2）水平多关节机器人。在结构上具有串联配置的两个能够在水平面内旋转的手臂，自由度可以根据用途选择 2 ～ 4 个，动作空间为一圆柱体。其优点是在垂直方向上的刚性好，能方便地实现二维平面上的动作，在装配作业中得到普遍应用。如图 1-6 所示为水平多关节机器人。

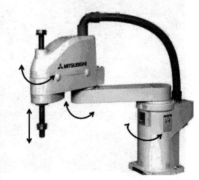

图 1-6 水平多关节机器人

六、机器人在各行业中的典型应用

工业机器人已经广泛应用于汽车及零部件制造业、橡胶及塑料工业、木材与家具制造业、电子电气行业、食品饮料工业、机械加工行业等领域，具体有焊接机器人、喷涂机器人、搬运机器人、装配机器人等。如图 1-7 所示为工业机器人在各行业中的典型应用。

(a) 喷涂　　　　　　　　　　　　　　(b) 焊接

(c) 装配　　　　　　　　　　　　　　(d) 分拣

(e) 搬运　　　　　　　　　　　　　　(f) 打磨

图 1-7　工业机器人在各行业中的典型应用

　　工业机器人的使用不仅能将工人从繁重或有害的体力劳动中解放出来，而且能够提高生产效率和产品质量，增强企业整体竞争力。工业机器人并不是在简单意义上代替人工劳动，它可作为一个可编程的高度柔性、开放的加工单元集成到先进制造系统，适合于多品种大批量的柔性生产，可以提升产品的稳定性和一致性，在提高生产效率的同时加快产品的更新换代，对提高制造业自动化水平起到了很大作用。

任务2　工业机器人操作基础

任务描述

本任务主要介绍工业机器人的操作基础，帮助读者系统地建立工业机器人的整体概念，并在此基础上进一步熟悉操作注意事项，为实际操作打下基础。

任务目标

1. 了解工业机器人的系统组成。
2. 理解工业机器人的操作基础。

知识链接

一、认识工业机器人的系统组成

一般来说，工业机器人由三大部分6个子系统组成。三大部分是机械部分、传感部分和控制部分。6个子系统可分为机械结构系统、驱动系统、感知系统、机器人—环境交互系统、人机交互系统和控制系统。其中，机械部分是机器人运行的主体，例如机械手腕、机械臂、行走设备等。大多数工业机器人有3～6个运动自由度，腕部通常有1～3个运动自由度。传感部分的主要功能是将计算机控制命令转化成机械语言，进而实现该命令。控制部分的功能是按照输入流程，对驱动程序、执行机构发出指令，并对其的运动进行控制。如图1-8所示为工业机器人组成框图。

从机械结构来看，工业机器人总体上分为串联工业机器人和并联工业机器人。串联工业机器人的特点是一个轴的运动会改变另一个轴的坐标原点，如图1-9所示为串联工业机器人；而对于并联工业机器人来说，一个轴的运动不会改变另一个轴的坐标原点，如图1-10所示为并联工业机器人。早期的工业机器人均采用串联机构。并联机构定义为动平台和定平台通过至少两个独立的运动链相连接，机构具有两个或两个以上自由度，且以并联方式驱动的一种闭环机构。并联机构由两部分构成，分别是手腕和手臂。手臂活动区域对活动空间有很大的影响，而手腕是工具和主体的连接部分。

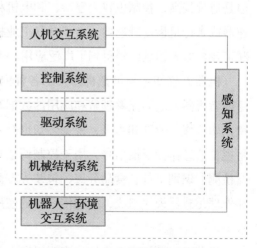

图1-8　工业机器人组成框图

与串联工业机器人相比较，并联工业机器人具有刚度大、结构稳定、承载能力大、微动精度高、运动负荷小的优点。在位置求解上，串联工业机器人的正解容易，但反解十分困难；而并联工业机器人则相反，其正解困难，反解却非常容易。

图 1-9　串联工业机器人　　　　　　　　图 1-10　并联工业机器人

驱动系统是向机械结构系统提供动力的装置。根据动力源不同，驱动系统的传动方式分为液压式、气压式、电气式等。早期的工业机器人采用液压驱动。由于液压系统存在泄露、噪声大和低速不稳定等问题，而且功率单元笨重、昂贵，目前只有大型重载机器人、并联加工机器人和一些特殊应用场合使用液压驱动的工业机器人。气压驱动具有速度快、系统结构简单、维修方便、价格低等优点。但是气压装置的工作压强低，不易精确定位，一般仅用于工业机器人末端执行器的驱动。气动手抓、旋转气缸和气动吸盘作为末端执行器可用于中、小负荷的工件抓取和装配。电力驱动是目前使用最多的一种驱动方式，其特点是电源取用方便，响应快，驱动力大，信号检测、传递、处理方便，并可以采用多种灵活的控制方式，驱动电机一般采用步进电机或伺服电机，目前也有采用直接驱动电机的，但是造价较高，控制也较为复杂，和电机相配的减速器一般采用谐波减速器、摆线针轮减速器或者行星齿轮减速器。由于并联工业机器人中有大量的直线驱动需求，直线电机在并联工业机器人领域已经得到了广泛应用。

机器人感知系统可把机器人的各种内部状态信息和环境信息从信号转变为机器人自身或者机器人之间能够理解和应用的数据和信息，除了可感知与自身工作状态相关的机械量，如位移、速度和力等，视觉感知也是工业机器人感知的一个重要功能。视觉伺服系统将视觉信息作为反馈信号，用于控制调整工业机器人的位置和姿态。机器视觉系统还在质量检测、识别工件、食品分拣、包装等方面得到了广泛应用。感知系统由内部传感器模块和外部传感器模块组成，智能传感器的使用提高了工业机器人的机动性、适应性和智能化水平。

机器人—环境交互系统是实现机器人与外部环境中的设备相互联系和协调的系统。机器人与外部设备集成为一个功能单元,如加工制造单元、焊接单元、装配单元等。当然也可以是多台机器人集成为一个可执行复杂任务的功能单元。

人机交互系统是人与机器人进行联系或人参与机器人控制的装置。例如:计算机的标准终端、指令控制台、信息显示板、危险信号报警器等。

控制系统的任务是根据机器人的作业指令以及从传感器反馈回来的信号,支配机器人的执行机构去完成规定的运动和功能。如果机器人不具备信息反馈特征,则为开环控制系统;具备信息反馈特征,则为闭环控制系统。根据控制原理可分为程序控制系统、适应性控制系统和人工智能控制系统。根据控制运动的形式可分为点位控制和连续轨迹控制。

二、工业机器人的操作基础

工业机器人通常由两部分组成:工业机器人本体和工业机器人控制器(柜),如图1-11所示。

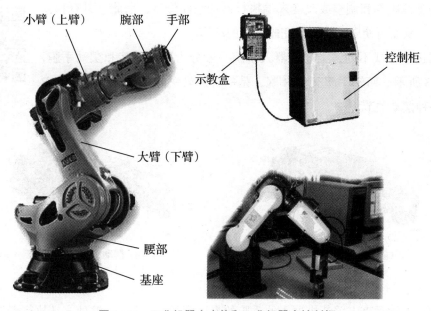

图 1-11 工业机器人本体和工业机器人控制柜

1.工业机器人本体

工业机器人本体也可以称为机械人或操作机,是工业机器人的机械主体,是用来完成规定任务的执行机构,主要由机械臂、驱动装置、传动装置和内部传感器组成。对于六轴垂直多关节机器人来说,机械臂则包括了基座、腰部、手臂(大臂和小臂)、腕部和手部,如图1-11所示。水平多关节机器人机械臂如图1-12所示。

机械臂

(1)基座是工业机器人的支撑基础,整个执行机构和驱动传动装置都安装在基座上。作业过程中,基座还要能够承受外部作用力,手臂的运动方式越多,基座的受力越复杂。

工业机器人基座安装方式主要有两种：一种是直接固定在地面上；一种是安装在移动装置上。

（2）腰部通常是与基座相连接的回转机构，可以与基座制作成一个整体。有时为了扩大工作空间，也可以通过导杆和导槽在基座上移动。腰部是工业机器人整个手臂的支撑部分，并带动手臂、手腕和末端执行器在空间回转，同时决定了它们所能到达的回转角度范围。

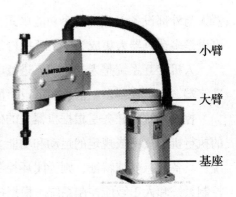

小臂

大臂

基座

图1-12　水平多关节机器人机械臂

（3）手臂是由操作机的动力关节和连接杆等组成，又称为主轴，是执行机构中的重要运动部件，作用是改变手腕和末端执行器的空间位置，以满足工业机器人的作业空间，并将各种载荷传递到基座。

（4）手腕是连接末端执行器和手臂的部分，将作业载荷传递到手臂，又称为次轴，它的作用是支撑腕部和调整或改变末端执行器的空间位姿，因此它具有独立的自由度，从而可使末端执行器完成复杂的动作。

根据运动方式不同，工业机器人手腕一般分为回转手腕和摆动手腕，如图1-13所示。回转手腕又称R腕，是一种回转关节；摆动手腕又称B腕，是一种摆动关节。

腕部和控制柜

（a）回转手腕（R腕）　　　　　　　　　（b）摆动手腕（B腕）

图1-13　工业机器人的手腕运动方式

通常，六轴垂直多关节机器人的手腕的自由度是3，这样能够使末端执行器处于空间任意姿态，如图1-14所示。

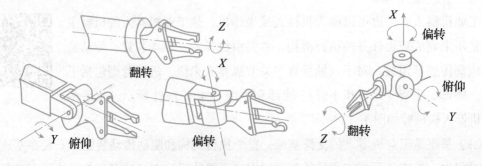

图1-14　工业机器人的手腕的自由度

常见的手腕结构形式有 RBR 型和 3R 型，其结构如图 1-15 所示。两种手腕结构的运用各不相同，常用的是 RBR 型，而喷涂行业一般采用 3R 型。

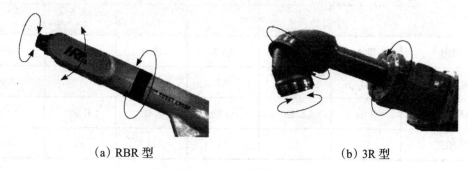

(a) RBR 型　　　　　　　　　　　　　(b) 3R 型

图 1-15　手腕结构形式

（5）工业机器人本体轴可分为两类：基本轴（又称主轴），用于保证末端执行器达到工作空间的任意位置。腕部轴（又称次轴），用于实现末端执行器的任意空间姿态。六轴垂直多关节机器人的机械臂有 6 个可活动关节，对应 6 个工业机器人本体轴。四大工业机器人家族对其本体轴（六轴）的定义如图 1-16 所示，本体轴的类型如表 1-1 所示。

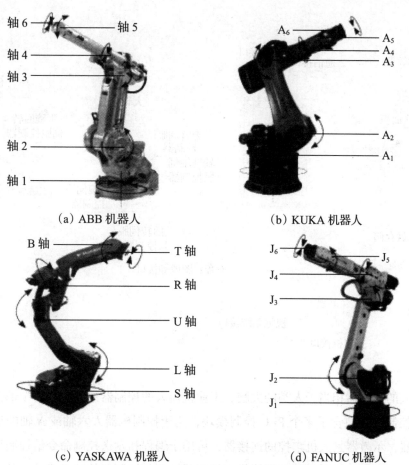

(a) ABB 机器人　　　　　　　　　　(b) KUKA 机器人

(c) YASKAWA 机器人　　　　　　　(d) FANUC 机器人

图 1-16　四大工业机器人家族对其本体轴的定义

表 1-1 六轴工业机器人本体轴类型

名称	基本轴（主轴）			腕部轴（次轴）		
	第 1 轴	第 2 轴	第 3 轴	第 4 轴	第 5 轴	第 6 轴
ABB	轴 1	轴 2	轴 3	轴 4	轴 5	轴 6
KUKA	A1	A2	A3	A4	A5	A6
YASKAWA	S 轴	L 轴	U 轴	R 轴	B 轴	T 轴
FANUC	J1	J2	J3	J4	J5	J6

2. 工业机器人控制器

工业机器人控制器主要由主计算机板、机器人计算机板、快速硬盘、网络通信计算机、示教器、驱动单元、通信单元和电力板等组成。变压器、主计算机、轴计算机、驱动板、串口测量和编码器组成伺服驱动系统，对位置、速度和电机电流进行数字化调整。如图 1-17 所示为工业机器人控制器框图。

工业机器人系统基本组成

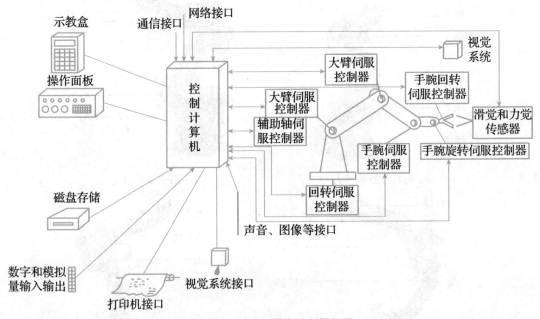

图 1-17 工业机器人控制器框图

机器人的控制器相当于人类的大脑，工业机器人的控制器主要包括两个部分：一个是控制柜，控制柜中包含了多个 PLC 控制模块，用于控制机器人六轴或 N 轴的运动；另一个是示教器，示教器是人机掌控的连接器，可用于编程和发送控制命令给控制柜以命令工业机器人运动。工业机器人的控制器是由控制器硬件与控制器软件组成的，其中，控制器的软件部分就相当于工业机器人的"心脏"。如图1-18所示为操作工业机器人本体的结构形式。

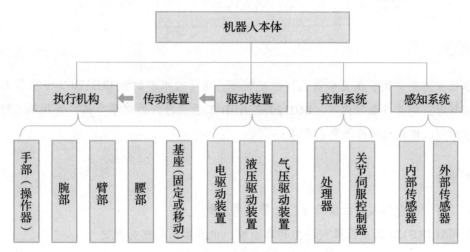

图1-18 操作工业机器人本体的结构形式

三、操作人员安全注意事项

操作人员要尽量避免进入安全栅栏内进行作业。其他安全注意事项如下：

（1）不需要操作工业机器人时，应断开工业机器人控制装置的电源，或者在按下急停按钮的状态下进行作业。

（2）应在安全栅栏外进行工业机器人系统的操作。

（3）为了防止操作人员以外的人员进入，并避免操作人员进入危险场所，应设置防护栅栏和安全门。

（4）应在操作者伸手可及之处设置急停按钮。

（5）在进行示教作业之前，应确认工业机器人或者外围设备不处在危险状态且没有异常。

（6）在需要进入工业机器人的动作范围内进行示教作业时，应事先确认安全装置（如急停按钮、示教器的安全开关等）的位置和状态。

（7）操作人员应特别注意，勿让其他人员进入工业机器人的动作范围。

（8）编程时应尽可能在安全栅栏外进行。因不得已情形而需要在安全栅栏内进行时，应注意下列事项：

1）仔细查看安全栅栏内的情况，确认没有危险后再进入。

2）要确保随时都可以按到急停按钮。

3）应以低速运行工业机器人。

4）应在确认清楚整个系统的状态后进行作业。

▶ 任务 3　认识工业机器人性能和技术参数

任务描述

本任务主要讲述了工业机器人的性能特征、主要技术参数和IRB120工业机器人的特点、控制器、相关参数等内容。IRB120是ABB工业机器人的典型产品，近几年已经广泛应用于学校、培训机构等教育教学中。

任务目标

1. 了解工业机器人的性能特征、主要技术参数。
2. 理解IRB120工业机器人的控制器面板、示教器以及相关参数。

知识链接

一、工业机器人的性能特征

相比于传统的工业设备，工业机器人有众多的优势，如易用性、智能化水平高、生产效率高、安全性高、易于管理、经济效益显著，以及可以在高危环境下进行作业等。

（1）工业机器人的易用性。在我国，工业机器人广泛应用于制造业，大到汽车制造、高铁制造、航天飞机制造，小到圆珠笔的制造，甚至食品、医疗领域都可以看到工业机器人的身影。由于工业机器人技术发展迅速，与传统工业设备相比，不仅产品的价格差距越来越小，而且产品的个性化程度也越来越高，因此在一些工艺复杂的产品的制造过程中，便让工业机器人替代传统设备，这样就可以在很大程度上提高经济效率。

（2）工业机器人的智能化水平高。随着计算机控制技术的不断进步，工业机器人将逐渐能够明白人类的语言，同时，工业机器人可以完成产品的组件，这样就可以让工人从枯燥重复的劳动中抽出身来，从而投入到更有意义的工作中。工业生产中，焊接机器人系统不仅能实现空间焊缝的自动实时跟踪，而且还能实现焊接参数的在线调整和焊缝质量的实时控制，可以满足技术产品复杂的焊接工艺及其对焊接质量、效率的要求。另外，随着人类探索空间的扩展，在极端环境如太空、深水以及核环境下，工业机器人也能将任务顺利完成。

（3）工业机器人的生产效率及安全性高。工业机器人加工一件产品耗时是固定的，同样的生存周期内，工业机器人的产量也是固定的，不会忽高忽低。并且每一模的产品的生产时间是固定的，产品的成品率也高。将工业机器人投入生产线，使很多安全方面的问题迎刃而解，如以往由于员工不熟悉工作流程、工作疏忽、疲劳工作等导致的安全生产隐患都可以避免了。

（4）工业机器人易于管理，经济效益显著。企业可以很清晰地知道自己每天的生产量，根据自己所能够达到的产能去接收订单和生产商品。而不会去盲目预估产量或是生产过多产品造成浪费。而工厂每天对工业机器人的管理，也会比管理员工简单得多。工业机器人可以 24 小时循环工作，能够做到生产线的最大产量，并且不存在加班费问题。

二、工业机器人主要技术参数

工业机器人的主要技术参数包括：自由度、工作范围、工作精度、承载能力、最大工作速度等。

（1）自由度。自由度是描述物体运动所需要的独立坐标轴的数目。自由物体在空间有 6 个自由度，即 3 个移动自由度和 3 个转动自由度。如果工业机器人是一个开式连杆系统，而每个关节运动又只有一个自由度，那么机器人的自由度数就等于它的关节数。目前，投入应用的工业机器人通常具有 4~6 个自由度。如图 1-19 所示为 IRB120 工业机器人六轴 6 个自由度。

（2）工作范围。工业机器人的工作范围是指机器人手臂末端或手腕中心运动时所能到达的所有点的集合，也叫工作区域。因为末端执行器形状和尺寸多种多样，工作范围一般指不安装末端执行器时的工作区域。工作范围的形

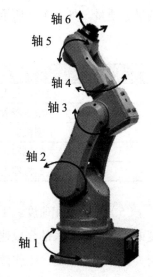

图 1-19　IRB120 工业机器人的 6 个自由度

状和大小十分重要，机器人在执行作业时可能会因为手部不能到达作业死区而不能完成任务。如图 1-20 所示为 IRB120 工业机器人的作业范围（单位：mm），阴影部分是其作业范围。

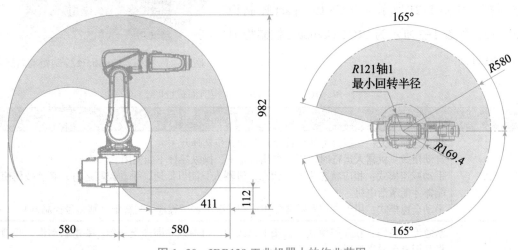

图 1-20　IRB120 工业机器人的作业范围

（3）工作精度。工业机器人的工作精度主要指定位精度和重复定位精度。定位精度是指工业机器人末端执行器的实际到达位置与目标位置之间的偏差。重复定位精度（又称重复精度）是指工业机器人在同一环境、同一条件、同一目标动作及同一命令下，连续运动若干次后重复定位至同一目标位置的能力。

（4）承载能力。工业机器人的承载能力又称为有效负载，指机器人在工作时手臂所能搬运的物体质量或所能承受的力。当关节型机器人的手臂处于不同位姿时，其负载能力是不同的。机器人的额定负载能力是指其手臂在工作空间中任意位姿时腕关节端部所能搬运的最大质量。如表1-2所示为不同类型工业机器人所承载的能力。

表 1-2　不同类型工业机器人所承载的能力

类型	承载能力
微型机器人	1N 以下
小型机器人	不超过 10^5N
中型机器人	$10^5 \sim 10^6$N
大型机器人	$10^6 \sim 10^7$N
重型机器人	10^7N 以上

（5）最大工作速度。工业机器人的最大工作速度是指机器人主要关节上最大的稳定速度或手臂末端最大的合成速度，因生产厂家不同而标注不同，一般会在技术参数中加以说明。工作速度越高，工作效率越高，但是，工作速度越高就要花费更多的时间去升速或降速，或者对机器人最大加速度的要求更高。

三、IRB120 工业机器人

1. IRB120 工业机器人的控制器

IRB120 工业机器人的控制器采用 IRC5 Compact 控制柜，如图 1-21 所示为 IRC5 Compact 控制柜前面板，如表 1-3 所示为 IRC5 Compact 控制柜前面板说明。

图 1-21　IRC5 Compact 控制柜前面板

表 1-3　IRC5 Compact 控制柜前面板说明

序号	说明
A	模式选择开关：一般分为两位选择开关和三位选择开关。 自动模式：机器人运行时使用，在此状态下，操纵摇杆不能使用。 手动减速模式：相应状态为手动状态，机器人只能以低速、手动控制运行，必须按住使能器才能激活电机。 手动全速模式：用于在与实际情况相近的情况下调试程序（配置于个别型号控制器）
B	紧急停止按钮：在任何模式下，按下该按钮，机器人立即停止动作。要重新动作，必须将其恢复至原来位置

续表

序号	说明
C	电动机上电 / 失电按钮：表示机器人电动机的工作状态，当按键灯常亮，表示上电状态，机器人的电动机被激活，并准备好执行程序；当按键灯快闪，表示机器人未同步（未标定或计数器未更新），但电动机已激活；当按键灯慢闪，表示至少有一种安全停止生效，电动机未激活
D	用于 IRB120 工业机器人的制动闸释放按钮（位于盖子下）
E	主电源开关：机器人系统的总开关

2. IRB120 工业机器人的特点

IRB 型工业机器人是瑞典机器人生产厂商 ABB 公司的产品，IRB 指 ABB 标准系列机器人。IRB 工业机器人常用于焊接、涂刷、搬运与切割，常用的型号有：IRB1400、IRB2400、IRB4400、IRB6400。其型号的解释如下：IRB 指的是 ABB 工业机器人；第一位数（1，2，4，6）指机器人的大小；第二位数（4）指的是属于 S4 或 S4C 系统。无论何种型号，机器人控制部分基本相同。

IRB120 工业
机器人特点

IRB120 工业机器人是 ABB 新型第四代工业机器人家族的最新成员，也是迄今为止 ABB 制造的最小的工业机器人，IRB120 具有以下特点：

（1）紧凑轻量。IRB120 在紧凑空间内凝聚了 ABB 产品系列的全部功能与技术。其重量减至仅 25kg，结构设计紧凑，几乎可安装在任何地方，比如工作站内部、机械设备上方或生产线上其他机器人的近旁。

（2）易于集成。出色的便携性与集成性，使 IRB120 成为同类产品中的佼佼者。该机器人的安装角度不受任何限制。机身表面光洁，便于清洗；空气管线与用户信号线缆从底脚至手腕全部嵌入机身内部，易于机器人集成。

（3）优化工作范围。除水平工作范围达 580mm 以外，IRB120 还具有一流的工作行程，底座下方拾取距离为 112mm。IRB120 采用对称结构，第 2 轴无外凸，回转半径极小，可靠近其他设备安装，纤细的手腕进一步增强了手臂的可达性。

（4）快速、精准、敏捷。IRB120 配备轻型铝合金马达，结构轻巧、功率强劲，可实现机器人高加速运行，在任何应用中都能确保优异的精准度与敏捷性。

（5）紧凑型控制器。ABB 新推出的这款紧凑型控制器高度浓缩了 IRC5 的顶尖功能，将以往大型设备"专享"的精度与运动控制引入了更广阔的应用空间。除节省空间之外，新型控制器还通过设置单相电源输入、外置式信号接头（全部信号）及内置式可扩展 16 路 O 系统，简化了调试步骤。离线编程软件 RobotStudio 可用于生产工作站模拟，为机器人设定最佳位置，还可执行离线编程，避免发生代价高昂的生产中断或延误。是小型机器人的最佳"拍档"。

（6）占地面积小。紧凑化、轻量化的 IRB120 工业机器人与 IRC5 紧凑型控制器这两种新产品的完美结合，显著缩小了其占地面积，最适合空间紧张的应用场合。

（7）用途广泛。IRB120 工业机器人广泛适用于电子、食品饮料、机械、太阳能、制药、医疗、研究等领域，进一步增强了 ABB 新型第四代工业机器人家族的实力。这款 6 轴机器人最高荷重 3kg（手腕（五轴）垂直向下时为 4kg），工作范围达 580mm，能通过柔性（非刚性）自动化解决方案执行一系列作业。IRB120 工业机器人是实现高成本效益生产的完美之选，在有限的生产空间内，其优势尤为明显。

3. IRB120 工业机器人参数

显而易见，IRB120 工业机器人具有紧凑、轻量、敏捷等特点，控制精度与路径精度俱优，是物料搬运与装配应用的理想选择。IRB120 工业机器人已广泛应用于学校教育教学和企业实践培训等领域，因此可以通过使用手册查找该机器人的使用说明和技术参数。如表 1-4 所示为 ABB IRB120 工业机器人参数示例。

表 1-4　ABB IRB120 工业机器人参数示例

规格	型号	IRB120 — 3/0.6
	工作范围	580mm
	有效载荷	3kg（4kg）
	手臂载荷	0.3kg
特性	集成信号源	手腕设 10 路信号
	集成气源	手腕设 4 路空气（5bar）
	重复定位精度	0.01mm
	机器人安装	任意角度
	防护等级	IP30
	控制器	IRC5 紧凑型 /IRC5 单柜型
运动范围	轴 1 旋转	工作范围：+165°~ — 165°；最大速度 250°/s
	轴 2 手臂	工作范围：+110°~ — 110°；最大速度 250°/s
	轴 3 手臂	工作范围：+70°~ — 90°；最大速度 250°/s
	轴 4 手腕	工作范围：+160°~ — 160°；最大速度 320°/s
	轴 5 弯曲	工作范围：+120°~ — 120°；最大速度 320°/s
	轴 6 翻转	工作范围：+400°~ — 400°；最大速度 420°/s
电气连接	电源电压	200~600V，50/60Hz
	变压器额定功率	3.0kVA
	功耗	0.25kW
物理特性	机器人底座尺寸	180mm×180mm
	机器人高度	700mm
	质量	25kg

任务 4　工业机器人关键技术、安装与调试

任务描述

　　本任务主要对工业机器人的关键技术，以及安装与调试方法进行介绍，读者要在理解工业机器人关键技术的基础上，了解其安装与调试方法，同时，要特别注意对安全注意事项的学习，为实际操作打下基础，树立安全意识。

任务目标

　　1. 理解工业机器人的关键技术。

　　2. 了解工业机器人的安装过程。

　　3. 了解工业机器人的调试方法。

知识链接

一、工业机器人的关键技术

　　1. 本体设计关键技术

　　（1）传动结构设计。拟定总体方案，确定机器人的结构形式，并据此进行初步的传动结构设计，零件结构设计，三维建模。要求设计者对机器人常见的结构形式，常见的传动原理和传动结构，减速器的类型和特点有比较深入的了解，要有较强的结构设计能力和一定的经验。

　　（2）减速器选型。要对减速器的结构类型和性能参数的含义有深刻理解，会对减速器进行选型和计算校核。要会对减速器进行检测、测试，检测的内容主要包括噪声、抖动、输出扭矩、扭转刚度、背隙、重复定位精度和定位精度等。减速器的振动会引起机器人末端的抖动，降低机器人的轨迹精度。引起减速器振动有多种原因，其中共振是共性问题，工业机器人设计者和使用者必须掌握抑制或者避免出现共振的方法。

　　（3）电机选型。要了解电机的工作特性，并会对电机扭矩、功率、惯量进行计算和校核。

　　（4）仿真分析。进行静力学和动力学的仿真分析，对电机、减速器的选型进行校核，对本体零部件进行强度、刚度进行校核，达到降低本体重量，提高机器人工作效率，降低成本的目的。对三维模型进行模态分析，计算出固有频率，有助于进行共振抑制。

　　（5）可靠性设计。结构设计采用最简化设计原则；本体铸铁件选用综合性能较好的球墨铸铁材料，铸铝件选用流动性好的铸造材料，采用金属模铸造；要配有详细的装配工艺

指导书，装配过程中要进行部件和单轴的测试；装配完后要进行整机性能测试和耐久拷机测试；提高整机的防护等级设计，提高电柜的抗干扰能力，以适应不同工作环境。

2. 电机伺服关键技术

（1）电机。1）轻量化。对机器人来说，电机的尺寸和重量非常敏感，通过高磁性材料优化、一体化优化设计、加工装配工艺优化等技术，提高伺服电机的效率，减小电机空间尺寸和降低电机重量，是优化机器人电机的关键。2）高速。在减速比不能较大调整的情况下，电机的最高转速直接影响着机器人的末端速度和工作节拍，而且速比太低会影响电机的惯量匹配，因此，提高电机的最高转速也是优化机器人电机的关键。3）直驱、中空。随着协作机器人的不断成熟和推广，机器人结构的轻量化、紧凑化要求提高，发展高力矩直接驱动电机、盘式中空电机等机器人专用电机是趋势。

（2）伺服。1）快速响应，精确定位。伺服的响应时间直接影响机器人的快速起停效果，影响机器人的工作效率和节拍。2）以无传感器方式实现弹性碰撞。安全性是衡量机器人性能的一个重要指标。加入力或力矩传感器会使结构更复杂，成本更高，基于编码器、电机电流耦合关系的无传感弹性碰撞技术，可以在不改变本体结构，不增加本体成本的条件下，在一定程度上提高机器人的安全性。3）驱动多合一、驱控一体。驱动多合一，采用多核 CPU 多轴驱控一体化集成技术，提高系统性能，降低驱动体积与成本。4）在线自适应抖振抑制。工业机器人悬臂结构极易在多轴联动、重载及快速起停时引起抖动。机器人本体刚度要与电机伺服刚度参数相匹配，刚度过高，会引起振动；刚度过低，会造成起停反应缓慢。机器人在不同的位置和姿态，以及在不同的工装负载下刚度都不一样，很难通过提前设置伺服刚度值满足所有工况的需求。在线自适应抖振抑制技术，提出免参数调试的智能控制策略，同时兼顾刚度匹配、抖振抑制的需求，可以抑制机器人末端抖动，提高末端定位精度。

3. 控制关键技术

（1）运动解算及轨迹规划。做好运动求解和最佳路径规划，是提高机器人的运动精度和工作效率的关键。

（2）动力学补偿。大部分工业机器人采用的是串联悬臂式结构，刚性弱，运动复杂，容易发生变形和抖动，是一个结合运动学和动力学的课题。为了改善机器人的动态性能和提高运动精度，设计机器人控制系统必须建立动力学模型，进行动力学补偿，主要包括重力补偿、惯量补偿、摩擦补偿、耦合补偿等。

（3）标定补偿。由于加工误差和装配误差的原因，机器人机械本体与理论数学模型难免存在偏差，这会降低机器人 TCP 精度和轨迹精度，例如会严重影响焊接和离线编程环节。通过检测和算法标定补偿机器人的模型参数，可以较好地解决此问题。

（4）工艺包完善。控制系统要与实际工程应用相结合，除不断升级系统，使之功能更加强大外，还要根据行业应用的需求不断开发和完善工艺包，这样有利于积累行业工艺经验，对客户来说，可以获得便捷、高效的使用体验。

二、工业机器人的安装

在工业生产领域中，工业机器人的安装至为重要，若是安装出现问题，不仅会影响机器人设备的使用性能，还会降低机器人的使用寿命，危害工业生产安全，影响企业经济效益。因此，做好工业机器人的安装工作十分重要，必须要做好以下3个方面的工作：

（1）了解程序。在实际安装前，相关人员要详细了解工业机器人的工作程序，明确工业机器人设备零部件之间有哪些关系，哪些设备之间的尺寸位置要做到丝毫不差，而哪些可以适当放宽标准。此外，还需对安装图纸进行细化分析，要掌握工业机器人的工作原理和功能结构，并在安装前准备好适当的工具和设备，这样才能为安装效果提供更好的保障。

（2）制定方案。要结合现场的实际生产情况，对每台工业机器人制定详细的安装方案，同时还应该制定相关的应急方案，确保面面俱到。此外，在实际安装前，还应该制定相关的作业指导书，在作业指导书中明确具体的操作规程、操作要点、人员分工和自检要求等，从而为工业机器人设备安全提供统一依据。同时，作业指导书应一式多份，如生产公司、监理部门、安装调试部门、现场安装部门等各执一份，明确各自职责。

（3）认真执行。主要是指每安装完一台工业机器人设备，都需要进行详细的复查，如在安装完连接设备时，就需要对已经安装好的零部件进行关键尺寸的复查，这样可以避免因尺寸变化而造成整体返工的问题出现。而在所有的工业机器人设备全部安装结束后，还应该进行一次全面的自检，要尽量在后期调试之前及时发现问题，并针对性地解决问题，从而达到安装验收一次性合格的高标准，为工业机器人设备安装进度提供保障，确保在规定的工期内完成。

三、工业机器人的调试

工业机器人的安装是在现场进行的，而真正的生产作业环境会受空间利用率等方面的影响，致使机器人的很多姿态受到一定的限制，这就很容易导致机器人在实际工作中出现震动、移位等现象，并最终导致机器人无法按照设计的速度运作。因此，在工业机器人安装结束后，投入实际生产工作前，进行现场调试校准就显得至为重要，调试工作主要包括以下两个方面：

（1）对工业机器人各轴进行归零调试。工业机器人在出厂后，各轴未必是归零的，若直接投入使用，可能会因各轴的重心没有准确地固定在支撑点上，而在生产过程中发生倾斜，这不仅会对正常的工业生产造成影响，可能还会危及工作人员的人身安全，因此，对工业机器人各轴进行归零调试是十分必要的。通常情况下，工业机器人的各个轴臂上会留下回零点标志，只需操作各轴回到该位置，就表示各轴调试归零，另外，在机器人的底座上也会贴有 6 个轴原点对应的角度，这都是调试中的重要参考依据。但具体的调试还需根据现场环境和需要完成的任务做出特定的方案，例如，调试人员可以规划出一条合理的归零"路线"，再通过示教器将机器人依次移动到各个点，然后对相关数据进行记录，最后，调试人员结合自身的校对经验反复实验，将机器人各轴按照实际生产作业要求进行归零调试。

（2）对工业机器人进行信号处理调试。现代该改良版的工业机器人可通过人工智能的方式，根据指定的原则纲领实现自动化操作，如可根据接收到的信号，完成信号指令规定的运行轨迹，从而快速适应新的环境。而工业机器人系统并不是单独运行的，在实际工作中，工业机器人必须要与其他外围设备联系在一起，即这些外围设备上的信号必须要通过 CC-link 和工业机器人系统信号建立联系。因此，在工业机器人投入实际生产之前，对其进行信号处理调试同样是十分必要的。调试的过程中，需要对 CC-link 进行设置，但需要注意的是，调试人员设置的 CC-link 信号必须要与 PLC 的型号、主站、从站信息保持一致，同时在信号设置结束后，还需要对所有信号进行列表化处理，并且在 PLC 编程时进行注释，经过这样的信号调试后，工业机器人才能正式投入生产。其中，CC-link 是指用于控制器与智能现场设备（如 I/O、传感器与执行器）之间高速通信的现场总线；主站是指发送信息的站；从站是指接收信息并发出响应的站。

四、维修人员安全注意事项

（1）在工业机器人运转过程中切勿进入其动作范围内。

（2）应尽可能在断开工业机器人系统电源的状态下进行作业，因为接通电源时，有的作业有触电的危险。此外，应根据需要上好锁，以使其他人员不能擅自接通电源。

（3）若确实需要在通状态下进入工业机器人的动作范围，应在按下操作箱（操作面板）或者示教器的急停按钮后再进入。此外，作业人员应在明显位置挂上写有"正在进行维修作业"等字样的标牌，提醒其他人员不要随意操作机器人。

（4）在进行维修作业之前，应确认工业机器人或者外围设备没有处在危险的状态并没有异常。

（5）当工业机器人的动作范围内有人时，切勿执行自动运转。

（6）在墙壁和器具等旁边进行作业时，或者几个作业人员同时作业时，应注意不要堵住逃生通道。

（7）当工业机器人上放有工具时，或除了机器人还有传送带等可动装置时，应特别注意这些装置的运动。

（8）作业时，应在操作箱（操作面板）的旁边安排一名熟悉机器人系统且能够及时察觉危险的人员，使其保持任何时候都可以按下急停按钮的状态。

（9）在对工业机器人更换部件或重新组装时，应注意避免异物的黏附或者混入。

（10）在检修控制装置内部时，如需要触摸电路板等原件，为了预防触电，务必先断开控制装置的主断路器的电源再进行作业。在有两台机柜的情况下，应断开各自的断路器的电源。

（11）维修作业结束后重新启动工业机器人系统时，应事先充分确认机器人动作范围内没有人，机器人和外围设备无异常。

（12）在拆卸电机和制动器时，应用吊车吊住手臂后再拆卸，以免手臂砸落。

（13）伺服电机、控制器内部、减速机、齿轮箱、手腕单元等处会发热，如需在发热状态下触摸设备，应戴好耐热手套等护具。

（14）在拆卸或更换电机和减速机等具有一定质量的部件和单元时，应使用吊车等辅助装置，以避免给作业人员带来过大的作业负担。

（15）在维修作业过程中，不要站在或将脚踏在工业机器人上，既可避免损伤机器人，又可避免踩空而摔伤。

（16）在高地进行维修作业时，应确保脚手台安全，作业人员要系好安全带。

（17）在将拆下来的或更新的部件（螺栓等）安装回去时，应按顺序正确安装。如果发现部件不够或有剩余，则应再次确认安装顺序和位置。

（18）在更换完部件后，务必按照规定的方法进行测试运转，此时，作业人员务必在安全区域进行操作。

技能检测

一、单选题

1. ABB机器人是由哪个国家发明的？（   ）

A. 美国　　　　　　B. 中国　　　　　　C. 瑞典　　　　　　D. 日本

2. 机器人控制柜发生火灾，用哪种灭火方式合适？（   ）

A. 浇水　　　　　B. 二氧化碳灭火器　　C. 泡沫灭火器　　　D. 毛毯扑打

3. 对机器人进行示教时，作为示教人员必须事先接受过专门的培训才行。与示教作业人员一起进行作业的监护人员，处在机器人可动范围外时，符合哪种情况可进行共同作业？（   ）

A. 不需要事先接受过专门的培训　　　B. 必须事先接受过专门的培训

C. 没有事先接受过专门的培训也可以　　D. 具有经验即可

4. 当代机器人大军中最主要的机器人为（   ）。

A. 工业机器人　　B. 军用机器人　　　C. 服务机器人　　　D. 特种机器人

5. 下面哪一项不属于工业机器人子系统？（   ）

A. 驱动系统　　　B. 机械结构系统　　C. 人机交互系统　　D. 导航系统

二、简答题

1. 简述工业机器人的定义。

2. 简述工业机器人的分类。

3. 工业机器人的组成、主要技术参数有哪些?

4. 工业机器人的安全操作注意事项有哪些?

5. IRB120机器人有哪些特点?

三、实操题

1. 贴标签

（1）事先用 A4 纸做好标签，写上工业机器人各部位的名称，如"手腕""基座""大臂""小臂"等。

（2）在实训室中，把制作好的标签贴到工业机器人对应的位置。

2. 模型展示

在实训室中，根据所学知识把相关模块组合到一起，制作"机器人模型"。并对所有组合好的机器人进行分类。

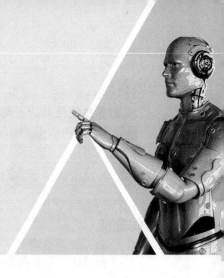

单元二

工业机器人示教器介绍

示教也称引导，即由操作者直接或间接引导工业机器人，按实际要求一步步操作，机器人在示教过程中自动记忆每个动作位置、姿态、运动参数等，并自动生成一个连续执行全部操作的程序，存储在控制装置内。在线示教是工业机器人目前普遍采用的示教方式。典型的示教过程是操作人员通过示教器对机器人各轴进行操作，反复调整程序点处机器人的作业位姿、运动参数和工艺条件，然后将满足作业要求的数据记录下来，再转入下一程序点。为示教方便及获取信息快捷、准确，操作者可以在不同坐标系下手动操纵机器人。

示教器是工业机器人的人机交互接口，机器人的所有操作基本上都是通过示教器来完成的，如点动机器人本体，编写、调试和运行机器人程序，设定、查看机器人状态信息和位置等。操作人员通过示教器将机器人作业任务中要求的机械臂运动过程预先示教给机器人，同时，控制器系统将关节运动的状态参数存储在存储器中。当需要机器人工作时，机器人控制系统就调用存储器的各项数据，驱动关节运动，使机器人再现示教过程的机械臂运动从而完成要求的作业任务。

例如，ABB 工业机器人的示教器 FlexPendant 设备由硬件和软件组成，其本身就是一台完整的计算机。FlexPendant 是 ABB IRB 120 的一个组成部分，通过集成电缆与控制器连接。

重点难点

◆ 需要重新启动工业机器人系统的前提。

◆ 示教器的组成及功能。

能力要求

◆ 会进行工业机器人开机、关机、重启操作。

◆ 会进行示教器语言和机器人系统时间的设置。

思政目标

◆ 培养热爱劳动、不断创新、勇攀高峰的新时代劳模精神。

▷ 任务 1　工业机器人的开关机操作

任务描述

在了解 ABB 工业机器人控制柜的基础上，按照步骤正确地进行开关机操作。同时能够根据机器人安装调试情况需要，进行不同模式下的重新启动操作。

任务目标

1. 掌握工业机器人系统开关机操作方法。
2. 掌握工业机器人系统重启操作方法。

任务实施

一、开机操作

工业机器人实际操作的第一步就是开机。在设备输入电源电压正常后，将 ABB 工业机器人 IRC5 紧凑型控制柜上的总电源旋钮从"OFF"转到"ON"即可，如图 2-1 所示。

图 2-1　ABB 工业机器人控制柜

二、关机操作

ABB 工业机器人控制器关机操作步骤如下：

步骤1　单击 ABB 主菜单中的"重新启动"，如图 2-2 所示。

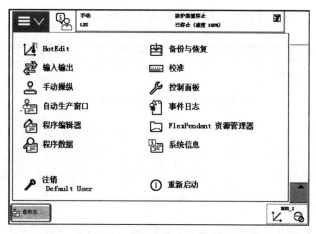

图 2-2 单击"重新启动"

步骤 2 单击"高级"按钮，如图 2-3 所示。

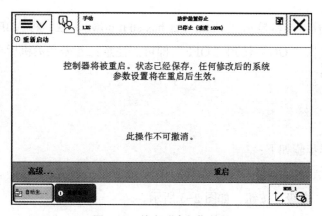

图 2-3 单击"高级"按钮

步骤 3 选择重新启动类型，选择"关闭主计算机"选项，然后单击"下一个"按钮，如图 2-4 所示。

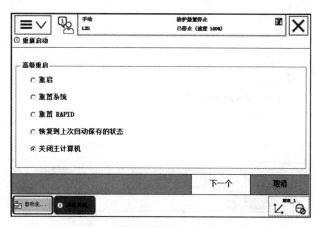

图 2-4 选择"关闭主计算机"选项

步骤 4 单击"关闭主计算机"按钮，如图 2-5 所示。

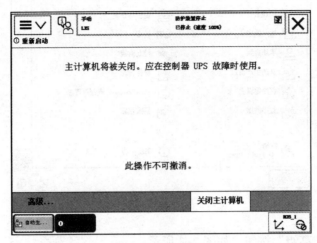

图 2-5　关机确认

步骤 5 待示教器屏幕显示"Controller has shut down"后，将 ABB 工业机器人控制柜上的总电源旋钮从"ON"转到"OFF"即可。注意：若需在关机后再次开启电源，建议至少等待 2 分钟。

三、工业机器人系统的重启

重新启动操作步骤如下：

步骤 1 单击 ABB 主菜单中的"重新启动"，如图 2-2 所示。

步骤 2 单击"高级"按钮，如图 2-3 所示。

步骤 3 选择重新启动类型，如图 2-6 所示。以重置 RAPID 为例说明重新启动的操作：选择"重置 RAPID"选项，然后单击"下一个"按钮。

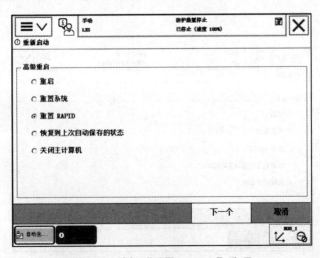

图 2-6　选择"重置 RAPID"选项

步骤 4 界面显示重置 RAPID 的提示信息，然后单击"重置 RAPID"按钮，等待系统重新启动完成，如图 2-7 所示。

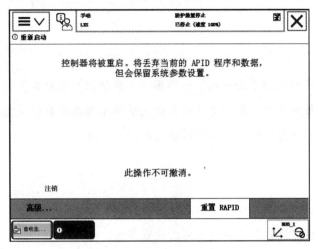

图 2-7　重新启动

知识链接

ABB 工业机器人系统可以长时间的进行工作，无须定期重新启动运行。但出现以下情况时需要重新启动工业机器人系统：

（1）安装了新的硬件。

（2）更改了工业机器人系统配置参数。

（3）出现系统故障（SYSFAIL）。

（4）RAPID 程序出现程序故障。

重新启动的类型包括重启、重置系统、重置 RAPID、恢复到上次自动保存的状态和关闭主计算机。各类型说明如表 2-1 所示。

表 2-1　重新启动的类型说明

重新启动类型	说明
重启	使用当前的设置重新启动当前系统
重置系统	重启并丢弃当前的系统参数设置和 RAPID 程序，使用原始的系统安装设置
重置 RAPID	重启并丢弃当前的 RAPID 程序和数据，但会保留系统参数设置
恢复到上次自动保存的状态	重启并尝试回到上一次自动保存的系统正常状态。一般在恢复崩溃的系统时使用
关闭主计算机	关闭机器人控制系统，在控制器 UPS 故障时使用

任务 2 示教器界面及基本设置

任务描述

示教器是进行机器人的手动操纵、程序编写、参数配置以及监控的手持装置。本任务将介绍示教器操作面板常用功能，并在此基础上讲解示教器语言以及机器人系统时间的设置方法，以及如何利用操纵杆达到控制机器人运动的目的。

任务目标

1. 了解示教器的组成及操作界面的功能。
2. 掌握示教器语言和机器人系统时间的设置方法。
3. 掌握使能器按钮的功能与使用。

任务实施

一、认识示教器

1. 示教器的组成

示教器是工业机器人的重要组成部分之一，是机器人的人机交互接口，是进行机器人的手动操纵、程序编写、参数配置以及监控的手持装置，也是我们最常打交道的控制装置，工业机器人的绝大部分操作均可以通过示教器来完成。示教器主要由 8 个部分组成，如图 2-8 所示。

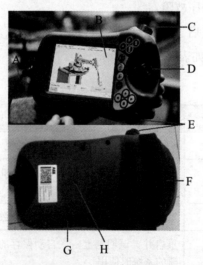

图 2-8 示教器的组成

A—连接电缆 B—触摸屏 C—急停开关 D—手动操作摇杆 E—数据备份用 USB 接口
F—使能器按钮 G—触摸屏用笔 H—示教器复位按钮

2. 示教器操作界面

（1）操作界面。ABB 工业机器人示教器的操作界面包含了机器人参数设置、机器人编程及系统相关设置等功能。比较常用的选项包括输入输出、手动操纵、程序编辑器、程序数据、校准和控制面板，操作界面如图 2-9 所示，各选项说明如表 2-2。

ABB 示教器界面

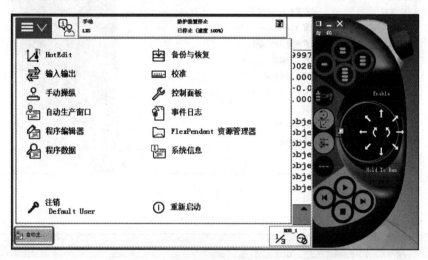

图 2-9　操作主界面

表 2-2　主界面选项说明

选项名称	说明
HotEdit	程序模块下轨迹点位置的补偿设置窗口
输入输出	设置及查看 I/O 视图窗口
手动操纵	动作模式设置、坐标系选择、操纵杆锁定及载荷属性的更改窗口
自动生产窗口	在自动模式下，可直接调试程序并运行
程序编辑器	建立程序模块及例行程序的窗口
程序数据	选择编程时所需程序数据的窗口
备份及恢复	可备份和恢复系统
校准	转数计数器和进行电机校准的窗口
控制面板	用于示教器的相关设定
事件日志	查看系统出现的各种提示信息
资源管理器	查看当前系统的系统文件
系统信息	查看控制器及当前系统的相关信息

主界面的上侧是机器人的状态栏，当前机器人的状态为"手动"模式，因为没有按下示教器的使能键，所以显示"防护装置停止"，其下的"已停止"表示机器人没有工作。

（2）控制面板。通过示教器菜单里的"控制面板"可以看到机器人的系统参数。控制面板中包含了可对机器人与示教器进行设定的相关功能选项，如图 2-10 所示。控制面板各项说明如表 2-3。

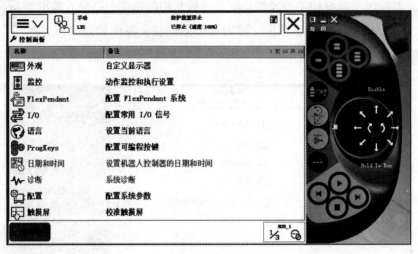

图 2-10　控制面板界面

表 2-3　控制面板界面选项说明

选项名称	说明
外观	可自定义显示器的亮度和设置左手或右手的操作模式
监控	动作碰撞监控设置和执行设置
FlexPendant	示教器操作特性的设置
I/O	配置常用 I/O 列表，在输入输出选项中显示
语言	控制器当前语言的设置
ProgKeys	为指定输入输出信号配置快捷键
日期和时间	控制器的日期和时间设置
诊断	创建诊断文件
配置	系统参数设置
触摸屏	触摸屏重新校准

二、设置示教器

1. 示教器的语言设置

示教器出厂时，默认的显示语言为英语，可将语言设置成中文，其操作步骤如下：

ABB 示教器
语言设置

步骤 1　单击 ABB 主菜单中的"Control Panel"，如图 2-11 所示。

步骤 2　在"Control Panel"界面单击"Language"，如图 2-12 所示。

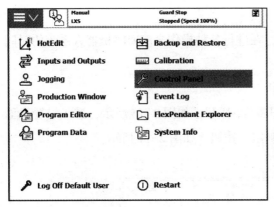
图 2-11　单击"Control Panel"

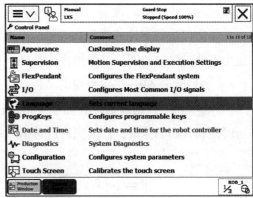
图 2-12　单击"Language"

步骤 3 弹出语言选项列表，选择"Chinese"，然后单击"OK"按钮，如图 2-13 所示。

步骤 4 弹出系统重启提示，单击"Yes"按钮，系统重启，如图 2-14 所示。

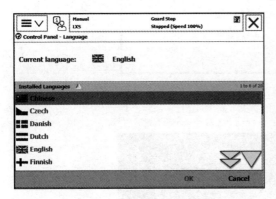
图 2-13　选择"Chinese"

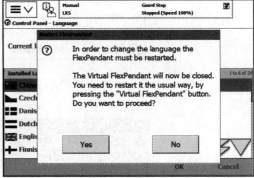
图 2-14　重启系统

步骤 5 系统重启后，再单击示教器左上角的主菜单按钮，就能看到菜单已切换成中文，如图 2-15 所示。

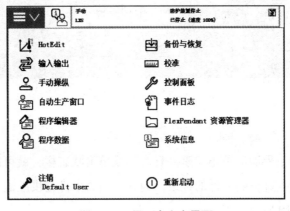
图 2-15　显示中文主界面

2.机器人系统时间设置

为了方便进行文件的管理和故障的查询，在进行各种操作之前要将机器人系统的时间设定为本地时区的时间，具体操作步骤如下：

步骤 1 单击 ABB 主菜单中的"控制面板"。

步骤 2 在"控制面板"界面中单击"日期和时间"，如图 2-16 所示，进入设置界面进行时间和日期的修改，修改完成后单击"确定"按钮，如图 2-17 所示。

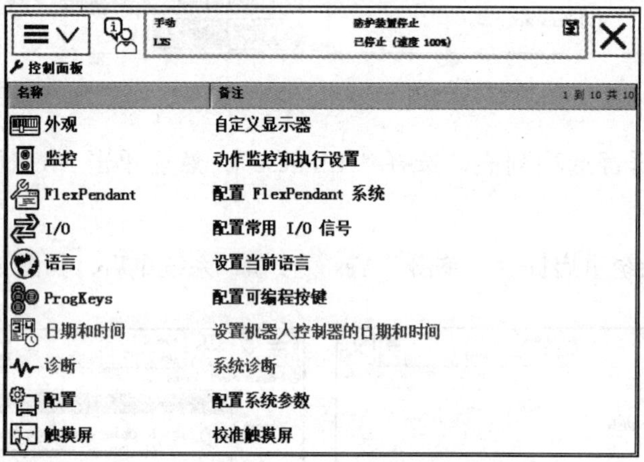

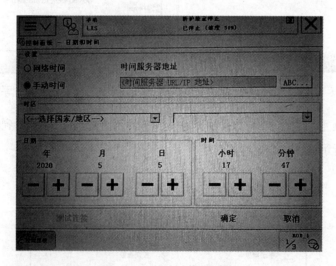

图 2-16 单击"日期和时间"

图 2-17 设定日期和时间

3.查看 ABB 工业机器人的事件日志与系统信息

（1）在示教器的主界面上单击"事件日志"或单击状态栏，就可以查看机器人的事件日志，包括操作机器人进行的事件的记录，为分析相关事件提供准确的时间，具体操作步骤如图 2-18 和图 2-19 所示。

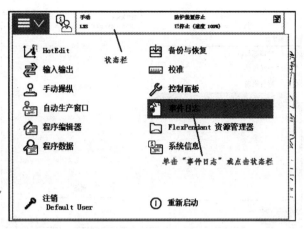

图 2-18 单击"事件日志"

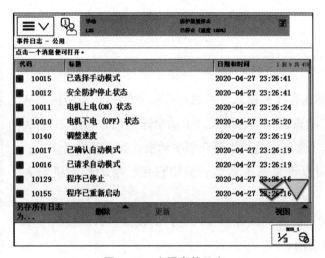

图 2-19 查看事件日志

（2）通过示教器查看机器人的系统信息，具体操作步骤如图 2-20 和图 2-21 所示。

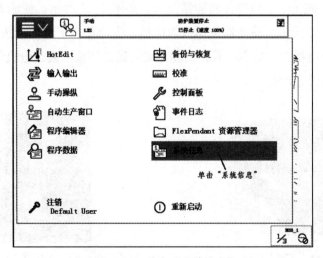

图 2-20 单击"系统信息"

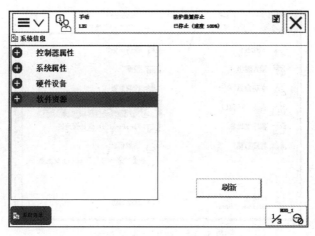

图 2-21　查看系统信息

知识链接

一、工业机器人状态模式选择

ABB 工业机器人有 3 种模式，可通过控制柜钥匙开关切换。从左到右依次是：自动模式、手动模式、手动全速模式，如图 2-22 所示。手动全速模式不常用，这里主要介绍手动模式和自动模式。

手动模式下可以设置系统参数、编辑程序、手动控制机器人运动。

自动模式是指机器人调试好后投入运行的模式，自动模式下示教器大部分功能被禁用。

图 2-22　工业机器人
状态模式

二、使能器

操作员用左手的 4 个手指按住使能器按钮，如图 2-23 所示，使能器按钮的使用姿势如图 2-24 和图 2-25 所示。使能器按钮分为两档，手动状态下将使能按钮第一挡按下去，工业机器人将处于电机开启状态；若将使能按钮的第二挡按下去，电机停止，工业机器人就会处于防护装置停止状态。

图 2-23　使能器按钮

图 2-24　示教器手持姿势侧面

使能器按钮是工业机器人为保证操作人员人身安全而设计的。只有在按下使能器按钮，并在"电机开启"的状态下，才可对机器人进行手动操作与程序调试。当发生危险时，人会本能地将使能器按钮松开或按紧，机器人便会立刻停下来。

三、手动操纵杆的使用

使能按钮按下，电机上电状态后，通过操纵杆可以进行左右运动、上下运动和旋转运动，如图 2-26 所示。在手动模式下，可以以此控制机器人的运动。可以把机器人的操纵杆比作汽车的油门，操纵杆的操作幅度是与工业机器人运动的速度相关联的：操纵幅度大，则机器人运动速度快；操纵幅度小，则机器人运动速度慢。

图 2-25 示教器手持姿势背面

操纵杆

图 2-26 示教器操纵杆

四、示教器功能按键

示教器功能按键说明如图 2-27 所示。

自定义按键一
自定义按键二
自定义按键三
自定义按键四
操作类型显示
控制方式切换
控制轴切换
增量
程序运动
程序单步向后运行
程序停止
程序单步向前运行

图 2-27 示教器功能按键说明

────────── 技能检测 ──────────

一、选择题

1.在工业机器人调试过程中，一般将钥匙开关置于（　　　）状态。

    A. 自动   B. 手动限速   C. 手动全速   D. 静止

2. 为了便于手动操纵的快捷设置，示教器上提供了（   ）个自定义快捷按键。

    A. 2   B. 4   C. 6   D. 8

3. 示教器在不使用时，应该放置在（   ）。

    A. 墙上   B. 机器人本体上   C. 控制柜里   D. 示教器支架上

4. 工业机器人控制系统恢复出厂设置，需要执行（   ）。

    A. 重置系统   B. 重置 RAPID

    C. 关闭主计算机   D. 恢复到上次自动保存的状态

5. 工业机器人系统时间可以在（   ）选项中设置。

    A. 手动操纵   B. 控制面板   C. 系统信息   D. 事件日志

二、简答题

1. 简述示教器的作用。

2. 简述示教器操纵杆的操作幅度与工业机器人运动速度的关系。

3. 简述示教器使能器按钮的功能。

4. 简述工业机器人系统重启的类型及含义。

5. 如何查看 ABB 工业机器人早期的报警信息？

三、实操题

1. 利用示教器设定语言和时间，然后用专业的语言将基本设置步骤表达清楚，并在示教器上进行展示。

2. 利用示教器调整机器人关节轴姿态，使之准确地移动到实训台上合适的目标点。

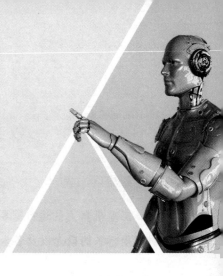

单元三

手动操作工业机器人

如何手动操作工业机器人？需要做哪些准备工作？本单元将围绕这些问题展开。

在手动操作工业机器人时，首先要建立机器人的相关坐标系，这和操作数控机床加工工件一样，设定好对应的坐标系，机器人才能按照编写的程序完成操作。工业机器人坐标系包括：基坐标系、大地坐标系、工件坐标系、关节坐标系、工具坐标系、用户坐标系。

本单元共6个任务，学习时，注意掌握工业机器人的操作步骤，理解工业机器人的有效载荷、单位等参数的意义，了解转数计数器的数据设定模式。学习本单元的过程中可参考相关工业机器人的操作说明书等资料，以便从多个角度了解操作方式、控制方式、参数设定等对不同的工业机器人的动作的影响。

重点难点

◆ 工业机器人各坐标系的应用。

◆ 有效载荷和转数计数器的作用。

能力要求

◆ 会应用示教器操纵杆。

◆ 会进行工具坐标系、工件坐标系、有效载荷、转数计数器的设置。

思政目标

◆ 了解我国工业机器人产业发展现状，感受中国速度、中国力量，努力成为具有社会责任感和社会参与意识的高素质技能人才。

任务1　建立工业机器人坐标系

任务描述

工业机器人的运行需要参考给定坐标系的方向，所以在对工业机器人进行编程之前要明确坐标系的概念以及各坐标系的作用，建立起编程的环境概念。

任务目标

1. 了解工业机器人坐标系的定义。
2. 熟悉基坐标系、大地坐标系、工件坐标系、关节坐标系、工具坐标系、用户坐标系。

任务实施

在建立工业机器人坐标系之前，我们需要了解什么是机器人的位姿。位姿即机器人末端执行器相对于基座的位置和姿态。

坐标系的定义：为确定机器人的位置和姿态而在机器人或空间上设置的位置指标系统。通过不同坐标系可指定工具（工具中心点）的位置，以便编写和调整程序。因此，要熟练操作工业机器人需要建立起 6 种坐标系的概念。这 6 种坐标系包括 Base（基础）坐标系、World（大地）坐标系、Wobj（工件）坐标系、Wirst（关节或手腕）坐标系、Tool（工具）坐标系和 User（用户）坐标系。如图 3-1 所示为工业机器人的坐标系组成。

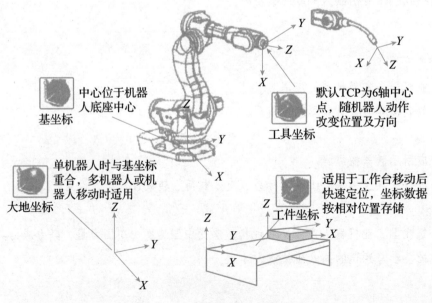

图 3-1　工业机器人的坐标系组成

一、建立基坐标系

基坐标系（基础坐标系）：设置在工业机器人基座中的坐标系，坐标原点一般为基座中心点。基坐标系在机器人基座中有相应的零点，这使固定安装的机器人的移动具有可预测性，是最便于标定机器人从一个位置移动到另一个位置的坐标系。工业机器人基坐标系遵循右手定则，是其他坐标系的基础，如图 3-2 所示。用右手定则进行判断时，手臂方向和机器人尾部电缆插头方向一致，大拇指指向 Z 轴正方向，食指指向 X 轴正方向，中指指向 Y 轴正方向。

操作要点：

- 基坐标系位于机械臂的基座上。
- 原点设于基座与安装面的交点处。
- XY 平面就是基座安装面。
- X 轴（横向）左右运动。
- Y 轴（纵向）前后运动。
- Z 轴（竖向）上下运动。

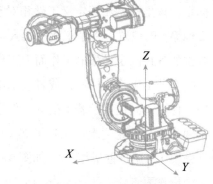

图 3-2 工业机器人基坐标系

二、建立大地坐标系

大地坐标系：若工业机器人是安装在地面上的，则通过基坐标系编程较容易；如果机器人倒置安装（倒挂安装），采用基坐标系编程则比较难。此时，可定义一个全局坐标系，即大地坐标系，如图 3-3 所示。大地坐标系在工作单元或者工作站中的固定位置有相应的零点，当多个机器人或者由外轴移动的机器人同时运作时，可以利用大地坐标系启动机器人程序，以便与其他机器人保持联系。在默认情况下，大地坐标系与基坐标系是一致的。

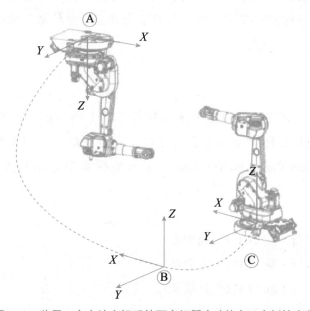

图 3-3 共用一个大地坐标系的两个机器人（其中一个倒挂安装）

操作要点:

- A——左侧机器人基坐标系。
- B——大地坐标系。
- C——右侧机器人基坐标系。

三、建立工件坐标系

工件坐标系:用户对每个作业空间进行定义的直角坐标系。该坐标系用于定义工件相对于大地坐标系(或其他坐标系)的位置。一个工业机器人可以在不同位置、不同方位的各种固定设备的工作面上工作。所以工业机器人可以拥有若干工件坐标系,或者表示不同工件,或者表示同一工件在不同位置的若干副本。但是工件坐标系必须定义于两个框架关系之上:用户框架(与大地基座相关)和工件框架(与用户框架相关),如图 3-4 所示。

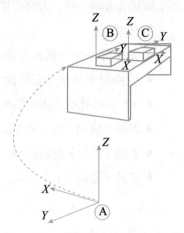

图 3-4　工业机器人的工件坐标系

操作要点:

- A——大地坐标系。
- B——工件坐标系 1。
- C——工件坐标系 2。

四、建立关节坐标系

关节坐标系:设定在工业机器人关节中的坐标系。在关节坐标系中,机器人的位置和姿态以各关节底座侧的关节坐标系为基准而确定,也是每个轴相对其原点的绝对角度。

五、建立工具坐标系

工具坐标系:安装在工业机器人末端执行工具上的坐标系。工具的中心点设为原点,原点及方向都是随着末端位置与角度不断变化的,如图 3-5 所示。工具坐标系缩写为 TCPF(Tool Center Point Frame),工具坐标系中心缩写为 TCP(Tool Center Point)。

操作要点:

- A——末端执行工具 TCP(法盘中心)。
- B——末端执行工具 TCP(焊枪端点)。
- C——末端执行工具 TCP(夹具端点)。
- D——末端执行工具 TCP(吸盘中心)。

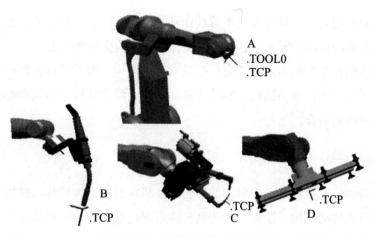

图 3-5　工业机器人的工具坐标系

六、建立用户坐标系

用户坐标系：用户对每个作业空间进行自定义的直角坐标系，如图 3-6 所示。用于位置寄存器的示教和执行，以及位置补偿指令的执行等。未做定义时，由大地坐标系来替代该坐标系。用户坐标系可用于表示固定装置、工作台等设备，为各固定设备定义一个用户坐标系，则在必须移动或转动该固定设备时，不需要再次编程。按移动或转动固定设备的情况移动或转动用户坐标系，则所有的已编程位置都将随固定设备变动，因而不需要再次编程。

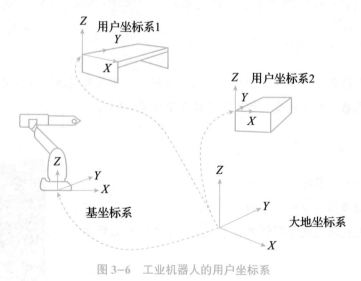

图 3-6　工业机器人的用户坐标系

知识链接

一、机器人行走运动方式分类

机器人行走机构按照其运动轨迹可分为固定式轨迹和无固定式轨迹两种。固定式轨迹主要对应于工业机器人，它是对人类手臂动作和功能的模拟和扩展；无固定式轨迹主要对应于具有移动功能的移动机器人，它是对人类行走功能的模拟和扩展。

移动机器人的行走结构形式主要有：车轮式移动结构、履带式移动结构、步行式移动结构。此外，还有步进式移动结构、蠕动式移动结构、混合式移动结构和蛇行式移动结构等，适合于各种特殊场合。

二、工业机器人传动机构的特点

（1）齿轮传动。工业机器人中常用的齿轮传动机构有圆柱齿轮传动机构，圆锥齿轮传动机构，谐波齿轮传动机构，摆线针轮传动机构及蜗轮蜗杆传动机构等。其中，谐波齿轮传动具有结构简单、体积小、重量轻、传动比大（几十到几百）、传动精度高、回程误差小、噪声低、传动平稳，承载能力强、效率高等一系列优点。

（2）螺旋传动。可将旋转运动转变为直线运动或将直线运动转变为旋转运动。

（3）同步带传动。同步带传动是综合了普通带传动和链轮链条传动优点的一种新型传动方式。带的工作面及带轮外周均制有啮合齿，带齿与轮齿做啮合传动。为保证带和带轮可以做无滑动的同步传动，齿形带采用了承载后无弹性变形的高强力材料，无弹性滑动，以保证节距不变。

▶ 任务 2　手动操作工业机器人

任务描述

本任务主要讲解手动操作工业机器人的 3 种模式，即单轴运动、线性运动和重定义运动，重点在于机器人在不同模式和不同坐标系下的运动特点。

任务目标

1. 掌握示教器操纵杆的使用方法。
2. 熟悉手动操作工业机器人的 3 种模式。
3. 理解工业机器人在不同模式和不同坐标系下的运动要点。

任务实施

一、ABB 工业机器人操纵杆的使用

操作人员可在电机开启的状态下通过操纵杆来控制工业机器人进行作业。操纵杆如图 3-7 所示。

操纵杆

图 3-7　操纵杆

如果前期不明确使用操纵杆控制时工业机器人的运动方向，可以先通过"增量"模式来确定。例如，示教目标点时，在接近目标点的情况下，可选择"增量"模式，使运动速度降下来。在"增量"模式下，操纵杆每扳动一次，机器人就移动一次。如果扳动操纵杆持续一秒或数秒钟，机器人就会持续移动。

步骤 1　启动示教器，单击 ABB 主菜单中的"手动操纵"，在弹出的"手动操纵"界面中单击"增量"，如图 3-8 所示。

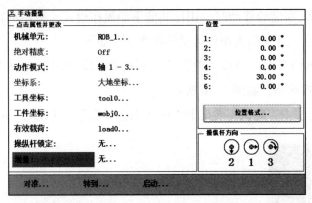

图 3-8　单击"增量"

步骤 2　弹出"手动操纵—增量"界面，如图 3-9 所示。根据需要选择增量移动距离，然后单击"确定"按钮，增量移动距离和角度大小见表 3-1。

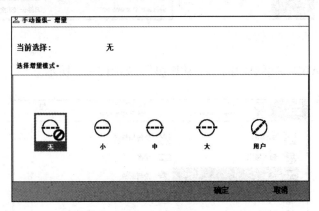

图 3-9　增量模式

表 3-1　增量移动距离和角度大小

增量	移动距离 /mm	角度 / (°)
小	0.05	0.005
中	1	0.02
大	5	0.2
用户	自定义	自定义

二、ABB 工业机器人的单轴运动

通常，ABB 工业机器人由 6 个伺服电动机分别驱动 6 个关节轴。每次手动操作一个关节轴的运动，称为单轴运动。单轴运动是每一个轴可以单独运动，在一些特殊的场合采用单轴运动会很方便，例如：在进行转数计数器更新时可以采用单轴运动；在机器人出现机械限位和软件限位，即超出移动范围而停止时，可以通过单轴运动将机器人移动到合适的位置；在进行粗略定位和较大幅度的移动时，相比其他手动操作模式，采用单轴运动会更加方便快捷。工业机器人单轴运动的操作步骤如下：

手动操作单轴、
线性、重定位运动

步骤 1　开启电源开关，等待工业机器人开机后，将控制柜上的"机器人状态钥匙"转到中间的手动限速状态，如图 3-10 所示。

步骤 2　在状态栏中，确认工业机器人的状态已切换为"手动"，如图 3-11 所示。

图 3-10　开启电源和状态钥匙

图 3-11　手动状态

步骤 3　单击 ABB 主菜单中的"手动操纵"，如图 3-12 所示。

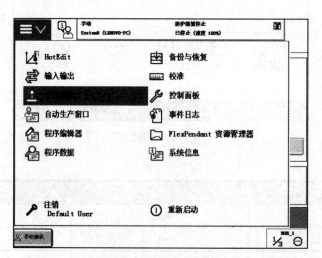

图 3-12　单击"手动操纵"

步骤 4　在弹出的"手动操纵"界面中单击"动作模式"，如图 3-13 所示。

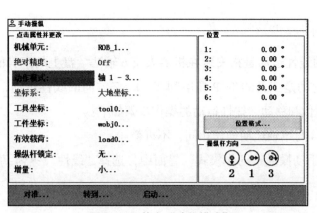

图 3-13 单击"动作模式"

步骤 5 在"手动操纵—动作模式"界面中选择"轴 1-3",然后单击"确定"按钮（如果选择"轴 4-6",就可以操纵轴 4-6）,如图 3-14 所示。

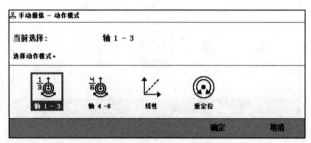

图 3-14 选择"轴 1-3"

步骤 6 在正确手持示教器的情况下,按下使能按钮,进入"电机开启"状态,确认电机已开启,如图 3-15 所示。

图 3-15 "电机开启"状态

步骤 7 在"轴 1-3"的"操纵杆方向"栏中,箭头表示正方向,如图 3-16 所示。操纵时,要缓慢平稳,注意操纵杆控制幅度应尽量小一些,确保机器人慢慢运动。

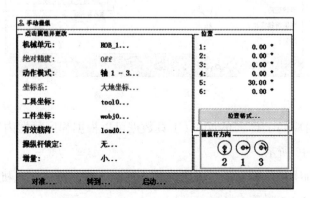

图 3-16 "轴 1-3"的操纵杆方向

三、ABB 工业机器人的线性运动

工业机器人的线性运动是指安装在机器人第 6 轴法兰盘上的工具的 TCP 在空间中做线性运动。线性运动是工具的 TCP 在空间 X、Y、Z 方向的线性运动，移动的幅度较小，适合较为精确的定位和移动。线性运动的操作步骤如下：

步骤 1~ 步骤 4 与单轴运动操作相同，不再赘述。

步骤5 在"手动操纵—动作模式"界面中，选择"线性"，然后单击"确定"按钮，如图 3-17 所示。

图 3-17 选择"线性"

步骤6 单击"手动操纵"界面中的"工具坐标"，机器人的线性运动要在"工具坐标"中指定对应的工具，如图 3-18 所示。

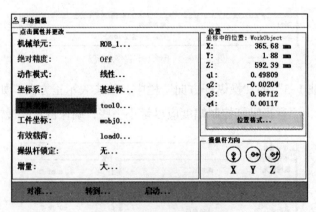

图 3-18 单击"工具坐标"

步骤7 选中对应的工具"tool0"（工具数据可以根据程序数据内容建立），单击"确定"按钮，如图 3-19 所示。

步骤8 在正确手持示教器的情况下，按下使能按钮，进入"电机开启"状态，确认电机已开启，如图 3-20 所示。

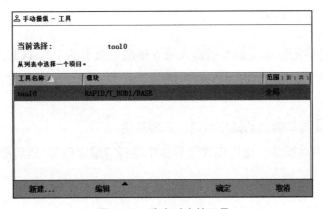

图 3-19　选中对应的工具

图 3-20　"电机开启"状态

步骤 9 "操纵杆方向"栏显示 X、Y、Z 的操纵杆方向，箭头代表正方向，如图 3-21 所示。

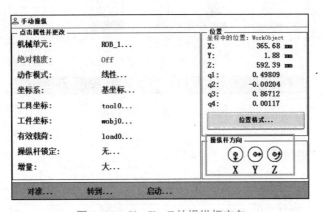

图 3-21　X、Y、Z 的操纵杆方向

步骤 10 操作示教器上的操纵杆，工具 TCP 点在空间做线性运动，如图 3-22 所示。

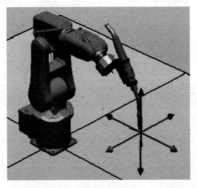

图 3-22　TCP 点在空间中做线性运动

四、ABB 工业机器人的重定位运动

工业机器人的重定位运动是指机器人第 6 轴法兰盘上的工具 TCP 点在空间中绕着坐标系轴旋转的运动，也可以理解为机器人绕着工具 TCP 点做姿态调整。重定位运动的操作步骤如下：

步骤 1～步骤 4 与单轴运动操作相同，不再赘述。

步骤5 在"手动操纵—动作模式"界面中选择"重定位"，然后单击"确定"按钮，如图 3-23 所示。

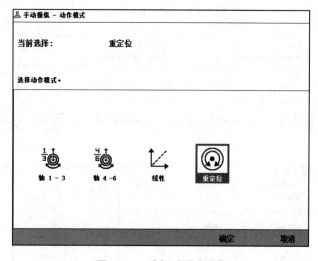

图 3-23 选择"重定位"

步骤6 单击"坐标系"，如图 3-24 所示。

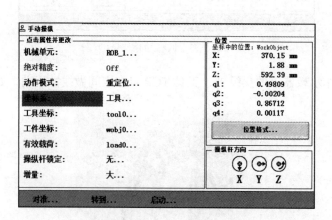

图 3-24 单击"坐标系"

步骤7 在"手动操纵—坐标系"界面中选择"工具"，然后单击"确定"按钮，如图 3-25 所示。

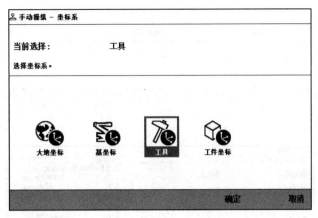

图 3-25 选择"工具"坐标系

步骤 8 单击"工具坐标",如图 3-26 所示。

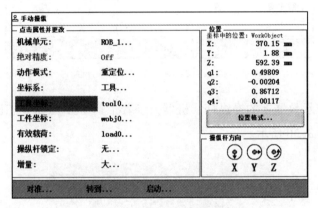

图 3-26 单击"工具坐标"

步骤 9 选中正在使用的工具,然后单击"确定"按钮,如图 3-27 所示。

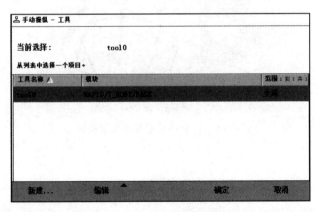

图 3-27 选中正在使用的工具

步骤 10 在正确手持示教器的情况下,按下使能按钮,进入"电机开启"状态,确认电机已开启,如图 3-28 所示。

图 3-28 "电机开启"状态

步骤 11 "操纵杆方向"栏显示 X、Y、Z 的操纵杆方向，箭头代表正方向，如图 3-29 所示。

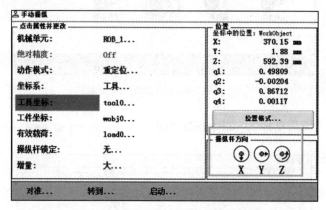

图 3-29 X、Y、Z 的操纵杆方向

步骤 12 操作示教器上的操纵杆，机器人绕着工具 TCP 点做姿态调整，即完成重定位运动设置，如图 3-30 所示。

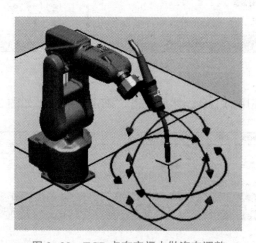

图 3-30 TCP 点在空间中做姿态调整

知识链接

ABB 工业机器人手动操纵的快捷操作

在示教器的操作面板上设置有关手动操纵的快捷键后，便可直接用其操纵工业机器人运动，不用再返回主菜单进行设置。

手动操纵快捷菜单说明如下:

步骤1 单击示教器屏幕右下角的快捷菜单按钮,弹出快捷菜单工具,如图 3-31 所示。

步骤2 单击"手动操作"按钮,弹出选项界面,如图 3-32 所示。

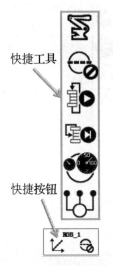

图 3-31 快捷菜单工具

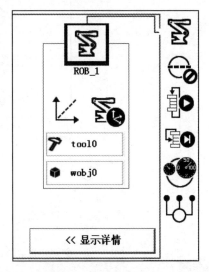

图 3-32 选项界面

步骤3 单击"显示详情"按钮可展开菜单,具体界面说明如图 3-33 所示。

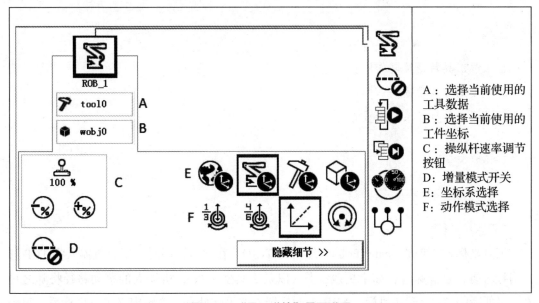

图 3-33 "显示详情"界面说明

步骤4 单击"增量模式"按钮则会弹出增量模式选项界面。单击"用户模块"按钮,然后单击"显示值"按钮就可以进行增量值的设置,如图 3-34 所示。

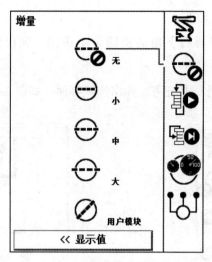

图 3-34 "增量模式"设置

任务 3　建立工具坐标系

任务描述

本任务主要介绍如何建立工业机器人工具坐标系，重点讲解工具数据的作用，读者可以在设置工具坐标系的过程中明白其重要性。

任务目标

1. 了解工具数据及其作用。

2. 会设定工具数据。

3. 掌握工具坐标系的设置方法。

任务实施

一、了解工具坐标系建立原理

1. 工具坐标系

工具坐标系（Tool Center Point，缩写为 TCP）。在执行程序时，工业机器人将 TCP 移至编程位置，这意味着，如果更改工具（以及工具坐标系），机器人的移动路径将随之更改，以便新的 TCP 到达目标。ABB 工业机器人的手腕处有一个预定义工具坐标系，该坐标系被称为 tool0。设定新的工具坐标系其实是将一个或多个新工具坐标系定义为 tool0 的偏移值。不同用途的机器人应该配置不同的工具，例如，焊接机器人将焊枪作为工具，而用于小零件分拣的机器人则将夹具作为工具，如本单元任务 1 中图 3-5 所示。

2. 工具数据（tooldata）

工具数据用于描述安装在工业机器人第六轴上的工具的 TCP、质量、重心等参数数据。工具数据会影响机器人的控制算法，例如，计算加速度、速度和加速度监控、力矩监控、碰撞监控、能量监控等。因此，需要正确设置工业机器人的工具坐标系。

3. 工具坐标系原点 TCP 建立原理

（1）在工业机器人工作范围内找一个非常精确的固定点作为参考点，一般用 TCP 基准针上的尖点作为参考点。

（2）在工具上确定一个参考点作为 TCP 位置（最好是工具工作参照点）。

（3）用手动操作工业机器人的方式移动工具上的参考点，使 4 种以上不同的机器人姿态尽可能与固定点刚好接触上，前 3 个点的姿态相差尽量大一些，这样有利于 TCP 精度的提高，第 4 点是使工具的参考点垂直于固定点，第 5 点是工具的参考点从固定点向将要设定为 TCP 的 X 方向移动，第 6 点是工具参考点从固定点向将要设定为 TCP 的 Z 方向移动。

（4）工业机器人通过对这 6 个点的位置数据计算求得 TCP 的数据，该数据保存在指定的工具数据工具中，以便以后编写程序时调用。

二、工具坐标系的建立方法

工具坐标系的建立方法有 4 种："TCP（默认方向）""TCP 和 Z""TCP 和 Z，X"，如图 3-35 所示，以及直接输入法。通常使用的是"TCP（默认方向）"即 4 点法，也可选择"TCP 和 Z"即 5 点法以及"TCP 和 Z，X"即 6 点法，点选取得越多标定的姿态精度越高。

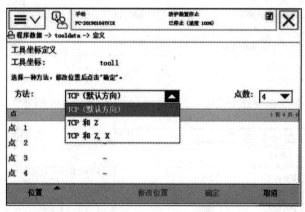

图 3-35　工具坐标系的 3 种建立方法

（1）N 点法（$3 \leqslant N \leqslant 9$）。工业机器人的 TCP 通过 N 种不同的姿态同参考点接触，得出多组解，通过计算得出当前 TCP 与机器人安装法盘中心点（tool0）的相应位置，其坐标系方向与 tool0 一致。如图 3-36 所示为 4 点法建立 TCP。

（2）TCP 和 Z 法。在 N 点法基础上，增加 Z 点与参考点的连线为坐标系 Z 轴的方向，改变了 tool0 的 Z 轴的方向。

（3）TCP 和 Z，X 法。在 N 点法的基础上，增加 X 点与参考点的连线为坐标系 X 轴的方向，Z 点与参考点的连线为坐标系 Z 轴的方向，改变了 tool0 的 X 轴和 Z 轴的方向。

（4）直接输入法。用这种方法建立工具坐标系是最方便的，可以通过尺子或者其他工具，测量出工具 TCP 和默认 tool0 的相对偏移量，然后手动输入到工具对应 X、Y、Z 等参数中。应用直接输入法时，通常采用默认 tool0 方向，q1=1，q2、q3、q4 等参数不变。

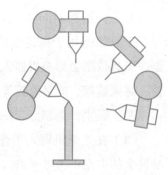

图 3-36　4 点法建立 TCP

三、建立工具坐标系的步骤

建立工具坐标系一共分为三大步骤：新建工具坐标系、TCP 点定义和测试工具坐标系的准确性。本案例采用"TCP 和 X，Z"6 点法进行工具数据设置。具体操作步骤如下：

建立工具坐标系

步骤 1 单击 ABB 主菜单中的"手动操纵"，如图 3-37 所示。

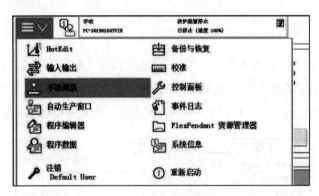

图 3-37　单击"手动操纵"

步骤 2 进入手动操纵界面，单击"工具坐标"，如图 3-38 所示。

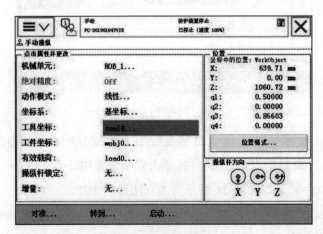

图 3-38　单击"工具坐标"

步骤3 进入"手动操纵——工具"界面，单击"新建"按钮来新建工具坐标系；在弹出的"新数据声明"界面中，可以对工具数据属性进行设置，如单击"…"按钮会弹出软键盘，单击可自定义更改工具名称；新建工具命名"tool1"，然后单击"确定"按钮，如图3-39所示。

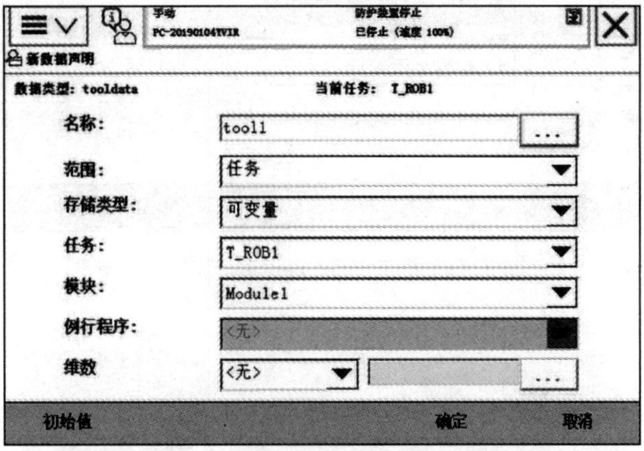

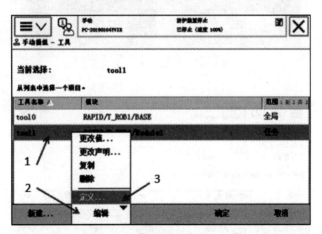

图3-39　新建工具并命名tool1

步骤4 在"手动操纵—工具"窗口中选择刚才新建的"tool1"，然后单击"编辑"菜单并选择"定义"，如图3-40所示。

图3-40　定义新建的"tool1"

步骤5 在"方法"下拉列表框中选择"TCP和Z，X"，采用6点法来设定TCP，如图3-41所示。

步骤6 按下示教器使能键，使用摇杆手动操纵工业机器人，以任意姿态使工具参考点靠近并接触轨迹练习模块上的TCP基准针，然后把当前位置作为第1点，如图3-42所示。

步骤7 确认第1点到达理想的位置后，在示教器上单击"点1"，然后单击"修改位置"按钮，修改并保存当前位置，如图3-43所示。

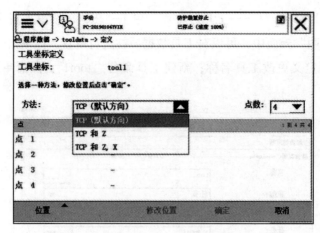

图 3-41 选择"TCP 和 Z，X"方法

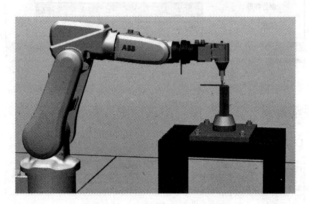

图 3-42 设定第一个位置点

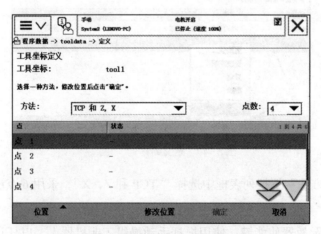

图 3-43 选择"点 1"进行修改并保存

步骤 8 利用摇杆手动操纵工业机器人，变换另一个姿态使工具参考点靠近并接触轨迹练习模块上的 TCP 基准针上的固定参考点，把当前位置作为第 2 点（注意：机器人姿态变化越大，则越有利于 TCP 点的标定），如图 3-44 所示。

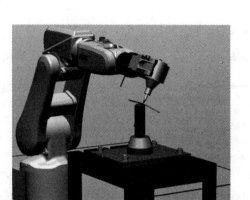

图 3-44 设定第 2 个位置点

步骤 9 确认第 2 点到达理想的位置后，在示教器上单击"点 2"，然后单击"修改位置"按钮，系统会自动跳到下一个"选择点"，如图 3-45 所示。

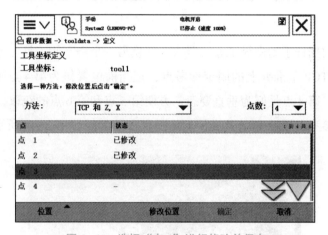

图 3-45 选择"点 2"进行修改并保存

步骤 10 利用摇杆手动操纵工业机器人，变换另一个姿态使工具参考点靠近并接触轨迹练习模块上的 TCP 基准针上的固定参考点，把当前位置作为第 3 点，如图 3-46 所示。

图 3-46 设定第 3 个位置点

步骤 11 确认第 3 点到达理想的位置后，在示教器上单击"点 3"，然后单击"修改位置"按钮，系统会自动跳到下一个"选择点"，如图 3-47 所示。

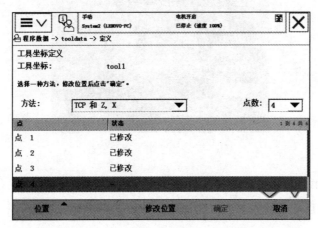

图 3-47 选择"点 3"进行修改并保存

步骤 12 利用摇杆手动操纵工业机器人，变换另一个姿态使工具参考点靠近并接触轨迹练习模块上的 TCP 基准针上的固定参考点，把当前位置作为第 4 点（注意：前 3 个点姿态为任意姿态，第 4 点最好为垂直姿态，方便第 5 点和第 6 点的获取，在线性运动模式下使机器人工具参考点接触 TCP 基准针上的固定参考点），如图 3-48 所示。

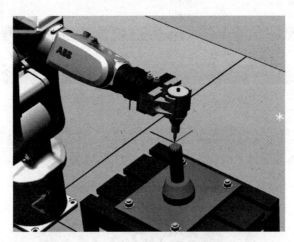

图 3-48 设定第 4 个位置点

步骤 13 确认第 4 点到达理想的位置后，在示教器上单击"点 4"，然后单击"修改位置"按钮，系统会自动保存设置点，如图 3-49 所示。

步骤 14 以点 4 为固定点，在线性模式下，手动操控工业机器人向前移动一定距离，作为 +X 方向，如图 3-50 所示。

步骤 15 往 +X 方向移动一定距离，确认第 5 点，在示教器上单击"延伸器点 X"，然后单击"修改位置"按钮，系统会自动保存设置点，如图 3-51 所示。

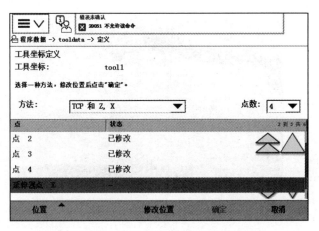

如图 3-49　选择"点 4"进行修改并保存

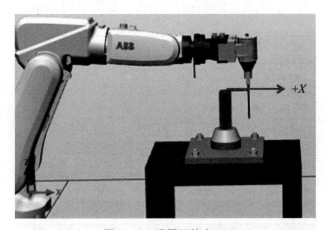

图 3-50　设置延伸点 +X

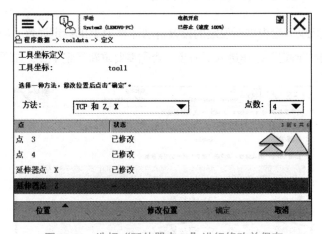

图 3-51　选择"延伸器点 X"进行修改并保存

步骤 16 以点 4 为固定点，在线性模式下，手动操控工业机器人向上移动一定距离，作为 +Z 方向，如图 3-52 所示。

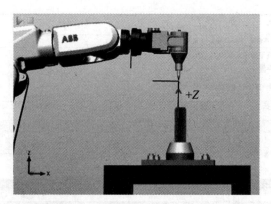

图 3-52　设置延伸点 +Z

步骤 17　往 +Z 方向移动一定距离，确认第 6 点，在示教器上单击"延伸器点 Z"，然后单击"修改位置"按钮，系统会自动保存设置点，如图 3-53 所示。

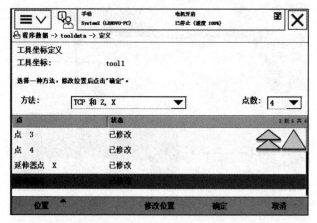

图 3-53　选择"延伸器点 Z"进行修改并保存

步骤 18　工业机器人会根据所设定的位置自动计算 TCP 的标定误差，当平均误差在 0.5mm 以内时，才可以单击"确定"按钮进入下一步，否则需要重新标定 TCP，如图 3-54 所示。

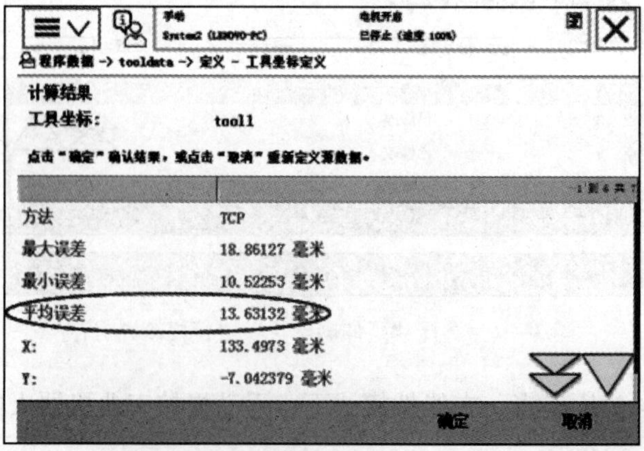

图 3-54　自动计算 TCP 的标定误差

步骤 19 单击"tool1",然后单击"编辑"菜单并选择"更改值",如图 3-55 所示。

图 3-55 更改"tool1"的值

步骤 20 单击向下翻页按钮找到"mass",其含义为对应工具的质量,单位为 kg,本案例中将 mass 的值更改为 1.0,即"mass"对应的"值",在弹出的键盘中输入"1.0",单击"确定"按钮,如图 3-56 所示。

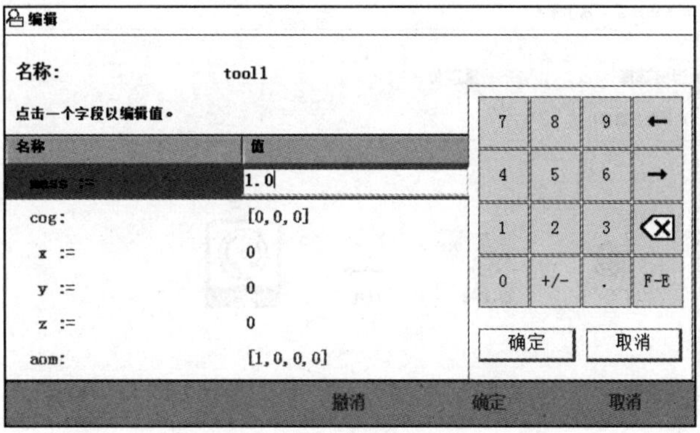

图 3-56 设置"mass"的值

步骤 21 根据上步操作,设置 x、y、z 数值的工具中心基于 tool0 的偏移量,单位为mm,在本案例中将 x 值更改为 —100,y 值不变,z 值更改为 100,然后单击"确定"按钮返回工具坐标系窗口,如图 3-57 所示。

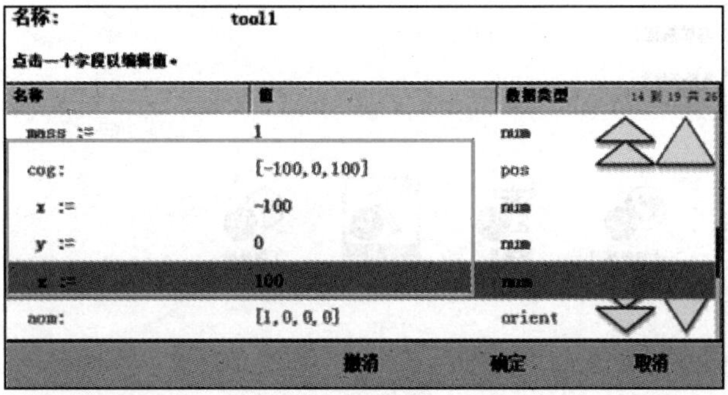

图 3-57 设置 x、y、z 数值的工具中心基于 tool0 的偏移量

步骤 22 单击"tool1",再单击"确定"按钮,无异常提示窗口弹出,则完成 TCP 的标定,并在选中"tool1"的状态下返回手动操纵界面,如图 3-58 所示。

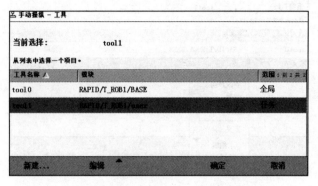

图 3-58 完成 TCP 的标定

步骤 23 在"手动操纵"界面单击"动作模式",在弹出的界面中选择"重定位",单击"确定"按钮返回"手动操纵"界面,如图 3-59 所示。

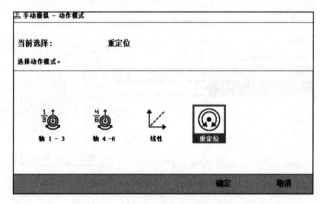

图 3-59 选择"重定位"

步骤 24 在"手动操纵"界面单击"坐标系",在弹出的界面中选择"工具",单击"确定"按钮返回"手动操纵"界面,如图 3-60 所示。

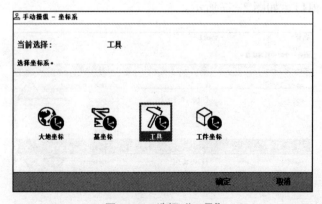

图 3-60 选择"工具"

步骤 25 按下使能键，用手拨动工业机器人手动操作摇杆，检测机器人是否围绕 TCP 点运动，如果机器人围绕 TCP 点运动，则说明 TCP 标定成功，如图 3-61 所示；如果没有围绕 TCP 点运动，则需要进行重新标定。

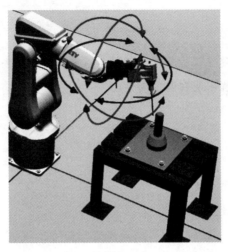

图 3-61　工业机器人围绕 TCP 点运动

知识链接

一、工具坐标系 3 种定义方法的区别

定义工具坐标系的 3 种方法各不相同，具体见表 3-2。

表 3-2　工具坐标系 3 种定义方法的区别

坐标系定义方法	原点	坐标系方向	主要场合
TCP（默认方向）	变化	不变	工具坐标方向与 tool0 方向一致
TCP 和 Z、X	变化	Z 轴和 X 轴方向改变	工具坐标方向改为 Z 轴和 X 轴方向时使用
TCP 和 Z	变化	Z 轴方向改变	工具坐标方向与 tool0 的 Z 轴方向不一致时使用

二、工业机器人在工具坐标系下动作时的姿态

（1）重定位运动改变末端工具的姿态，但工业机器人的 TCP（即工具中心点）位置不变，机器人工具沿坐标轴转动，改变姿态。

（2）线性运动改变机器人末端工具的位置，但工业机器人的 TCP 姿态不变，机器人 TCP 沿坐标轴线性移动。机器人程序可设置多个 TCP，可以根据当前工作状态进行变换。若机器人工具被更换，重新定义 TCP 后，可以不更改程序，直接运行。

▶ 任务 4　建立工件坐标系

本任务主要介绍如何建立工业机器人工件坐标系，重点讲解工件数据的作用，读者可以在设置工具坐标系的过程中明白其重要性。

任务目标

1. 了解工件数据。
2. 理解工件坐标的作用及优点。
3. 掌握工件坐标系的设置方法。

任务实施

一、工件坐标系建立原理

1. 工件坐标系

工件坐标系为工业机器人提供了一个不同于其他坐标系的创建目标和路径的编程环境。工件坐标系有很多优点：重新定位工作站中的工件时，只需更改工件坐标系的位置，所有路径便会随之更新；允许操作通过外部轴或传送导轨移动的工件，因为整个工件可连同其路径一起移动。

如图 3-62 所示，A 是机器人的大地坐标系，为了方便编程，给第一个工件设定工件坐标系 B，并在这个坐标系中进行轨迹编程。如果操作台上还有一个同样的工件需要走一样的轨迹，那么只需建立一个工件坐标系 C，将工件坐标系 B 中的轨迹复制一份，将工件坐标系从 B 更新为 C，而无须重复编程。

如图 3-63 所示，如果在工件坐标系 B 中对 A 工件进行了轨迹编程，当工件坐标系发生位置变化，成为工件坐标系 D 后，只需重新定义工件坐标系 D，则 A 工件的轨迹便会自动更新为 C。因为 A 相对于坐标系 B 和 C 相对于坐标系 D 的关系是一样的，并没有因整体偏移而发生变化。

2. 工件数据

工件数据是编程时所需的重要的程序数据，工件数据对应工件，它定义工件相对于大地坐标系（或其他坐标系）的位置。工件数据会影响工业机器人的控制算法，也会对编程、控速等产生影响，因此必须正确设置工业机器人的工件坐标系。

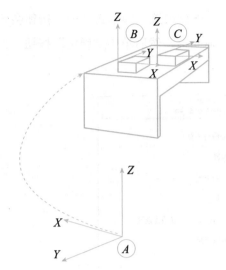
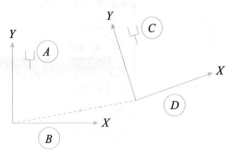

图 3-62　坐标系 *B* 中的轨迹复制到坐标系 *C*　　　　　图 3-63　重新定义工件坐标系 *D*

二、工件坐标系建立方法

建立工件坐标系时，通常采用三点法。即通过在工件表面或边角定义 3 个点来创建坐标系。工件坐标系的建立符合右手定则，如图 3-64 所示。其设定原理如下：

建立工件坐标系

（1）$X1$ 和 $X2$ 的连线确定工件坐标系 X 轴正方向。

（2）$Y1$ 确定工件坐标系 Y 轴正方向。

（3）工件坐标系原点是 $Y1$ 在工件坐标系 X 轴上的投影。

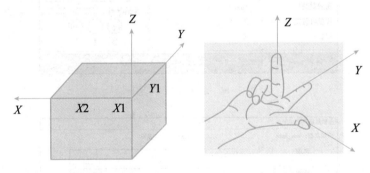

（a）三点法建立工件坐标系　　　　　（b）右手定则

图 3-64　工件坐标系原理

建立工件坐标系的步骤如下：

步骤 1　单击 ABB 主菜单中的"手动操纵"，如图 3-65 所示。

步骤 2　进入"手动操纵"界面，单击"工件坐标"，如图 3-66 所示。

步骤 3　进入"手动操纵—工件"界面，单击"新建"按钮来新建工件坐标系。在弹出的"新数据声明"窗口中，可以对工件数据属性进行设置，如单击"…"按钮会弹出软键盘，可自定义工具名称；新建工件名称为"wobj1"，然后单击"确定"按钮，如图3-67所示。

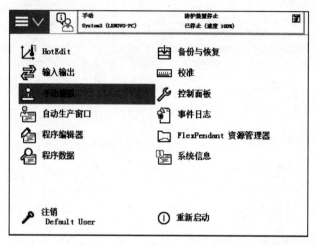

图 3-65 单击"手动操纵"

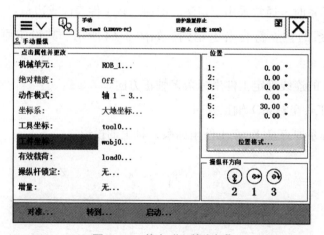

图 3-66 单击"工件坐标"

图 3-67 新建工件

步骤 4 选择刚才新建的"wobj1",单击"编辑"菜单并选择"定义",如图 3-68 所示。

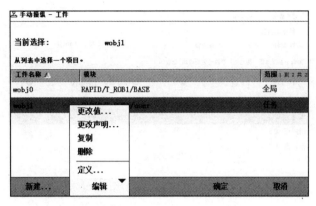

图 3-68 定义新建的"wobj1"

步骤 5 在"用户方法"下拉列表中选择"3 点",X1 和 X2 的连线确定工件坐标系 X 轴正方向;Y1 确定工件坐标系 Y 轴正方向;工件坐标系原点是 Y1 在工件坐标系 X 轴上的投影,如图 3-69 所示。

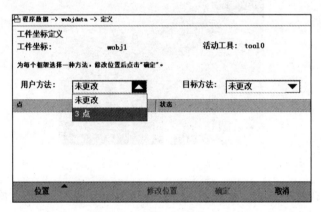

图 3-69 选择"3 点"方法

步骤 6 在手动模式下,手动操纵工业机器人的尖端工具参考点靠近工件以定义 X1 点,如图 3-70 所示。

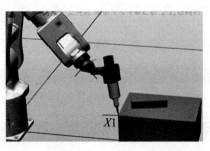

图 3-70 定义 X1 点

步骤 7 在示教器上单击"用户点 X1",然后单击"修改位置",修改并保存当前位置,如图 3-71 所示。

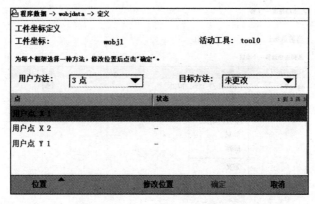

图 3-71 修改并保存"用户点 X1"

步骤 8 在手动模式下,选择线性移动方式,手动操纵工业机器人的尖端工具参考点靠近工件以定义 X2 点,如图 3-72 所示。

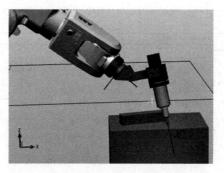

图 3-72 定义 X2 点

步骤 9 在示教器上单击"用户点 X2",然后单击"修改位置",修改并保存当前位置,如图 3-73 所示。

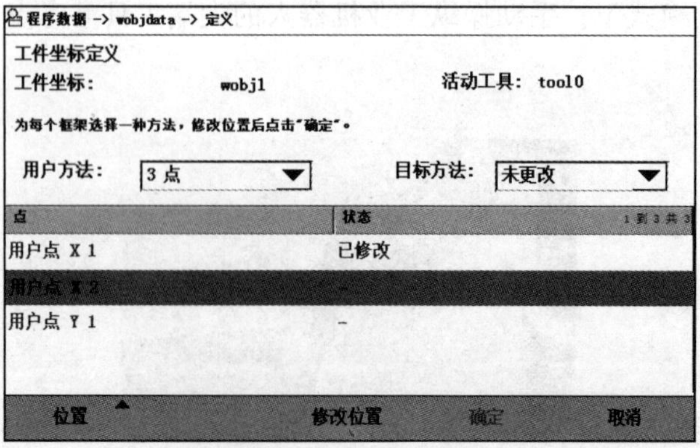

图 3-73 修改并保存"用户点 X2"

步骤 10 在手动模式下，选择线性移动方式，手动操纵工业机器人的尖端工具参考点靠近工件以定义 *Y*1 点，如图 3-74 所示。

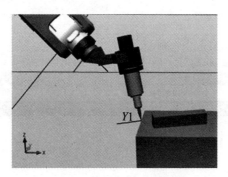

图 3-74　定义 *Y*1 点

步骤 11 在示教器上单击"用户点 Y1"，然后单击"修改位置"按钮，修改并保存当前位置，如图 3-75 所示。

程序数据 --> wobjdata --> 定义		
工件坐标定义		
工件坐标: wobj1	活动工具: tool0	
为每个框架选择一种方法，修改位置后点击"确定"。		
用户方法: 3 点 ▼	目标方法: 未更改 ▼	
点	状态	1 到 3 共 3
用户点 X 1	已修改	
用户点 X 2	已修改	
用户点 Y 1	已修改	
位置 ▲	修改位置　　确定	取消

图 3-75　修改并保存"用户点 Y1"

步骤 12 对自动生成的工件坐标数据进行确认后，单击"确定"按钮退出工件坐标系定义界面，然后可以查看计算结果，如图 3-76 所示。

程序数据 --> wobjdata --> 定义 - 工件坐标定义	
计算结果	
工件坐标: wobj1	
点击"确定"确认结果，或点击"取消"重新定义源数据。	
	1 到 6 共 9
用户方法:	WobjFrameCalib
X:	352.627 毫米
Y:	-4.061835 毫米
Z:	316.8888 毫米
四个一组 1	0.999985218048096
四个一组 2	0
	确定　　取消

图 3-76　计算结果

步骤 13 确定后，选中"wobj1"，然后单击"确定"按钮退出窗口，这样就完成了工件坐标系的标定，如图 3-77 所示。

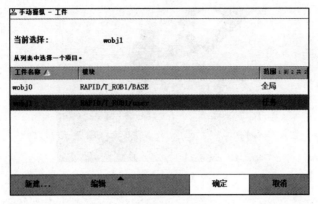

图 3-77 完成"wobj1"的标定

步骤 14 选择线性移动方式，"坐标系"选择"工件坐标"，"工具坐标"选择"tool0"，"工件坐标"选择新建的"wobj1"，如图 3-78 所示。按下使能键，拨动工业机器人手动操纵摇杆，观察机器人在工件坐标系下移动的方式。

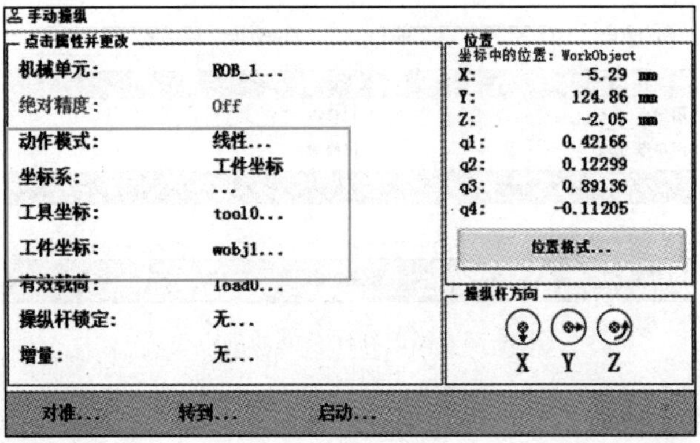

图 3-78 设置结果

知识链接

一、示教器"工件声明"设置情况

在创建工件坐标系时会弹出"工件声明"窗口，主要属性设置可以参考表 3-3。

表 3-3 "工件声明"设置情况

想更改的项目	操作步骤	建议
工件名称	单击名称旁边的"…"	如果需要更改已在某个程序中引用的工件名称，则必须更改该工具的所有值

续表

想更改的项目	操作步骤	建议
范围	从菜单中选择需要的范围	工件应始终保持全局状态，以适用于程序中的所有模块
存储类型	变量、可变量、常量	工件变量必须始终是持久变量
模块	从菜单中选择申明该工件的模块	无

二、示教编程方式分类及特点

工业机器人示教的方式有很多，大致可以分为集中示教方式和分离示教方式。

（1）集中示教方式：将机器人手部在空间的位姿、速度、动作顺序等参数同时进行示教的方式，示教一次即可生成关节运动的伺服指令。

（2）分离示教方式：将机器人手部在空间的位姿、速度、动作顺序等参数分开单独进行示教的方式，一般需要示教多次才可生成关节运动的伺服指令，但其效果要好于集中示教方式。

▶ 任务 5　工业机器人有效载荷设置

任务描述

对于用于搬运的工业机器人来说，应合理设置有效载荷。本任务将讲解如何设置搬运机器人的载荷质量、载荷重心、力矩轴方向、转动惯量等参数。

任务目标

1. 了解有效载荷的概念。
2. 理解有效载荷的相关参数。
3. 掌握有效载荷的设置步骤。

任务实施

一、工业机器人的有效载荷

通俗地讲，有效载荷数据就是包含工业机器人的最大搬运重量、重物的重心所在位置等的数据，为保证工业机器人正常作业提供依据。例如，对于如图 3-79 所示的搬运机器人，就需

图 3-79　搬运机器人

要设置有效载荷，因为搬运机器人手臂所承受的质量是不断变化的，为确保其正常工作，不仅要正确设定夹具的质量和重心数据，还要设定搬运对象的质量和重心数据。如果机器人不用于搬运，则有效载荷数默认设置为 load0。有效载荷参数见表 3-4。

表 3-4　有效载荷参数

名称	参数	单位
有效载荷质量	Load.mass	kg
有效载荷重心	Load.cog.x Load.cog.y Load.cog.z	mm
力矩轴方向	Load.aom.q1 Load.aom.q2 Load.aom.q3 Load.aom.q4	
有效载荷的转动惯量	Ix Iy Iz	$kg \cdot m^2$

二、工业机器人有效载荷的设置步骤

通过对前面的任务的学习，我们已经熟悉了工业机器人坐标系等相关设置，对示教器的操作界面也有了一定认识，在此基础上对工业机器人的有效载荷进行设置便会顺畅得多，具体操作步骤如下：

步骤1　单击 ABB 主菜单中的"手动操纵"，如图 3-80 所示。

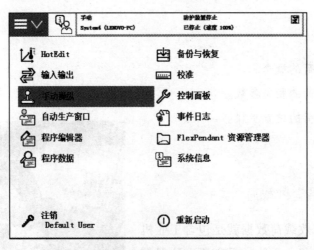

图 3-80　单击"手动操纵"

步骤2　进入"手动操纵"界面，单击"有效载荷"，如图 3-81 所示。

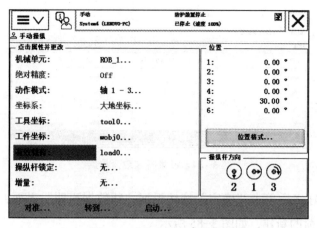

图 3-81　单击"有效载荷"

步骤3 进入"当前选择"界面，单击"新建"按钮，如图 3-82 所示。

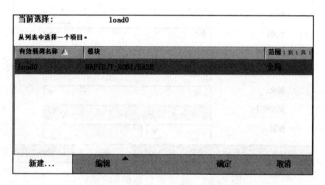

图 3-82　单击"新建"按钮

步骤4 对有效载荷数据属性进行设置，可设置名称、范围等，如图 3-83 所示，设置好之后单击左下角的"初始值"进入有效载荷数据设置窗口。

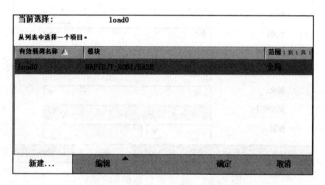

图 3-83　设置有效载荷数据属性

步骤5 根据实际情况设置有效载荷数据，如图 3-84 所示。

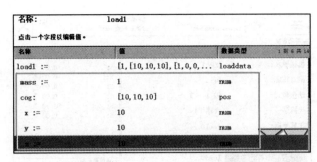

图 3-84　设置有效载荷数据

步骤 6　设置好之后单击"确定"按钮返回"新数据声明"界面，然后单击"确定"按钮，完成有效载荷的新建，如图 3-85 所示。

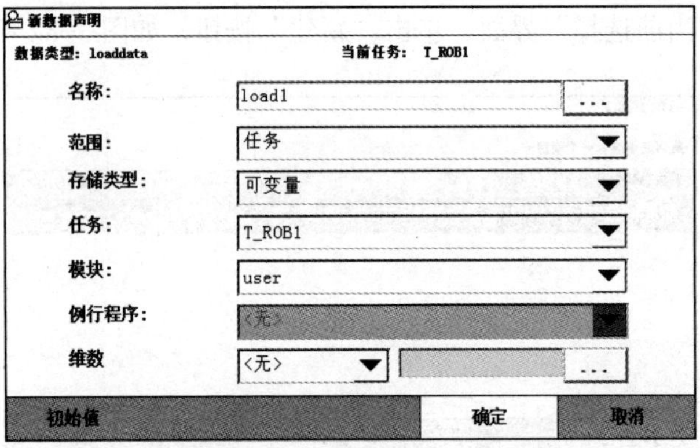

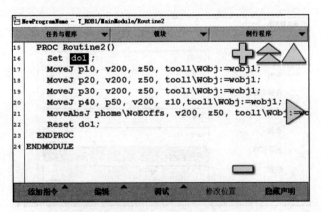

图 3-85　完成有效载荷的新建

步骤 7　设置好有效载荷之后，需要根据实际情况在 RAPID 程序中进行实时调整。以实际搬运应用为例，do1 为夹具控制信号，如图 3-86 所示。

```
NewProgramName - T_ROB1/MainModule/Routine2
      任务与程序          模块          例行程序
15   PROC Routine2()
16     Set do1;
17     MoveJ p10, v200, z50, tool1\WObj:=wobj1;
18     MoveJ p20, v200, z50, tool1\WObj:=wobj1;
19     MoveJ p30, v200, z50, tool1\WObj:=wobj1;
20     MoveJ p40, p50, v200, z10,tool1\WObj:=wobj1;
21     MoveAbsJ phome\NoEOffs, v200, z50, tool1\WObj:=wo
22     Reset do1;
23   ENDPROC
24 ENDMODULE

   添加指令      编辑      调试      修改位置      隐藏声明
```

图 3-86　在 RAPID 程序中进行实时调整

步骤 8　在"set do1"下方添加指令，选择"Settings"，单击"GripLoad"则添加"GripLoad load0"，如图 3-87 所示。

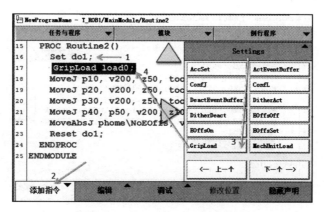

图 3-87 添加 "GripLoad load0"

步骤9 双击 "load0"，再选择新载荷数据 "load1"，然后单击 "确定" 按钮，如图 3-88 所示。

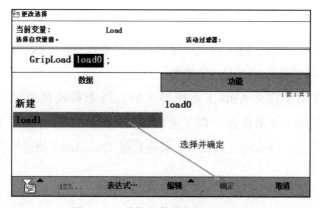

图 3-88 选择新载荷数据 "load1"

步骤10 在搬运完成之后，需要将搬运对象清除为 "load0"，选中 "Reset do1" 指令，然后单击 "添加指令" 菜单，单击 "GripLoad" 则添加 "GripLoad load0"。如图 3-89、图 3-90 所示。

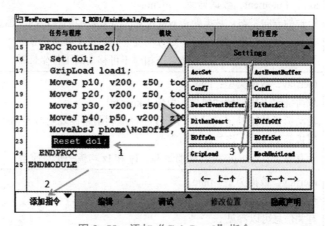

图 3-89 添加 "GripLoad" 指令

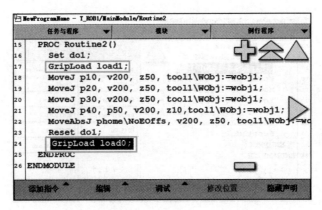

图 3-90 添加 "GripLoad load0"

有效载荷数据（loaddata）含义举例

对于搬运应用的机器人，除了应该设定夹具的质量和重心（tooldata）参数外，还需要设定搬运对象的质量和重心（loaddata）参数。

载荷数据常常用于定义 ABB 工业机器人的有效载荷或抓取物的载荷（通过指令 GripLoad 或 MechUnitLoad 来设置），即工业机器人夹具所夹持的负载。同时将 loaddata 作为 tooldata 的组成部分，以描述工具载荷。载荷数据（loaddata）描述见表 3-5。

表 3-5 有效载荷数据（loaddata）

组件	描述
mass	数据类型：num；载荷的重量，单位：kg
cog	center of gravity，数据类型：pos。 如果机械臂正夹持着工具，则有效载荷的重心相对于工具坐标系，单位：mm。 如果使用固定工具，则有效载荷的重心相对于机械臂上的可移动的工件坐标系
aom	axes of moment，数据类型：orient。 矩轴的方向姿态：是指处于 cog 位置的有效负载惯性矩的主轴。 如果机械臂正夹持着工具，则方向姿态相对于工具坐标系。 如果使用固定工具，则方向姿态相对于可移动的工件坐标系
Ix	Inertiay，数据类型：num。 载荷绕着 X 轴的转动惯量，单位：$kg \cdot m^2$。 转动惯量的正确定义，有利于程序合理利用路径规划器和轴控制器。处理大块金属板等工件时，该参数尤为重要。 所有等于 $0\,kg \cdot m^2$ 的转动惯量 Ix、Iy 和 Iz 均指一个点质量
Iy	Inertiay，数据类型：num。 载荷绕着 Y 轴的转动惯量，单位：$kg \cdot m^2$。 有关信息可以参见 Ix

续表

组件	描述
Iz	Inertiay，数据类型：num。 载荷绕着 Z 轴的转动惯量，单位：kg·m²。 有关信息可以参见 Ix

举例如下：

loaddata piece1：=[5，[50，0，50]，[1，0，0，0]，0，0，0]；

表示载荷数据 piece1 定义：重量 5kg，重心为 x=50mm，y=0mm，z=50mm，相对于工具坐标系，有效载荷为一个点质量。

任务 6 工业机器人转数计数器

任务描述

工业机器人手臂若在断电或示教器没电的情况下发生位移，则需要对计数器进行更新，否则机器人的运行位置是不准的。本任务讲解了转数计数器的作用；什么情况下需要更新转数计数器；以及如何设置转数计数器的相关参数。

任务目标

1. 了解转数计数器的作用。

2. 能准确判断什么情况下需要更新转数计数器。

3. 掌握转数计数器的设置方法。

任务实施

一、工业机器人转数计数器的作用

工业机器人的转数计数器由独立的电池供电，用来记录各个轴的数据。因此，如果在断电或示教器没电的情况下，机器人手臂位移发生变化，就需要对计数器进行更新，就是将机器人各轴停到机械原点，使各轴上的刻度线和对应的槽位对齐，然后用示教器进行校准更新。否则机器人再次运行时，便无法正确定位。

二、更新转数计数器

ABB 工业机器人的 6 个关节轴各有一个机械原点，在下列情况下，需要对机械原点的位置进行转数计数器更新。

（1）更换伺服电机的转数计数器的电池后。

（2）转数计数器发生故障，修复后。

（3）转数计数器与测量板之间断开过，再次连接后。

（4）断电后，机器人关节轴发生了位移。

（5）当系统报警提示"10036 转数计数器未更新"时。

以 ABB 工业机器人 IRB120 转数计数器更新操作为例，首先通过手动操纵使工业机器人各关节轴运动到机械原点，操作的顺序是：4—5—6—1—2—3，如图 3-91 所示。具体步骤如下：

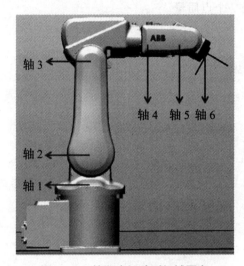

图 3-91　按顺序运动到机械原点

步骤 1 单击 ABB 主菜单中的"校准"，如图 3-92 所示。

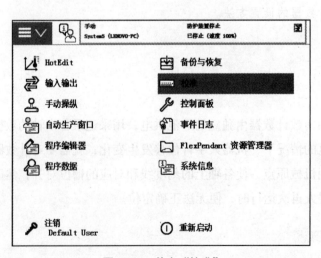

图 3-92　单击"校准"

步骤 2 在弹出的界面中选择"ROB_1 校准"，如图 3-93 所示。

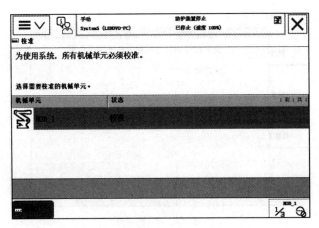

图 3-93　选择 "ROB_1 校准"

步骤3 在弹出的界面中选择 "手动方法（高级）"，如图 3-94 所示。

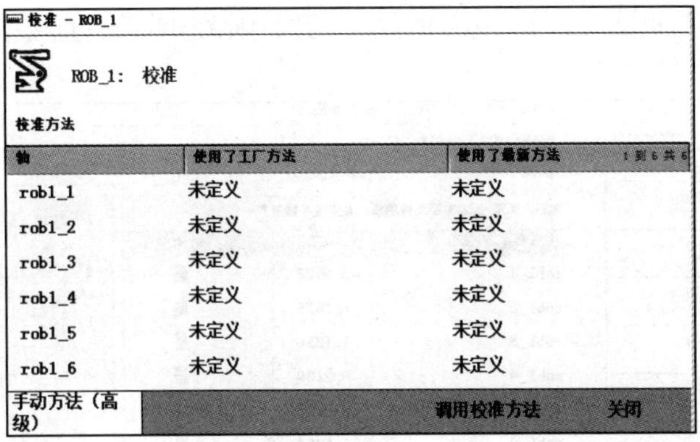

```
📟 校准 - ROB_1

     ROB_1: 校准

校准方法
轴              使用了工厂方法           使用了最新方法      1 到 6 共 6
rob1_1         未定义                  未定义
rob1_2         未定义                  未定义
rob1_3         未定义                  未定义
rob1_4         未定义                  未定义
rob1_5         未定义                  未定义
rob1_6         未定义                  未定义
手动方法（高                          调用校准方法        关闭
级）
```

图 3-94　选择 "手动方法（高级）"

步骤4 在弹出的界面中选择 "校准参数"，单击 "编辑电机校准偏移"，如图 3-95
所示。

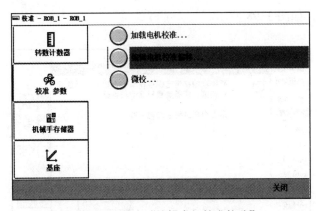

图 3-95　单击 "编辑电机校准偏移"

步骤5 在弹出的 "警告" 对话框中单击 "是" 按钮，如图 3-96 所示。

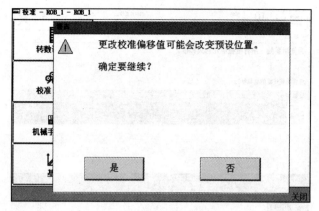

图 3-96　单击 "是"

步骤 6　查看工业机器人本体电机校准偏移数据并记录,在弹出的 "编辑电机校准偏移" 界面中,对照 6 个轴的偏移参数进行修改,然后单击 "确定" 按钮,如图 3-97 所示。(提示:如果示教器显示的数值与机器人本体的标签的数值一致,则无须修改,直接单击 "确定" 按钮。)

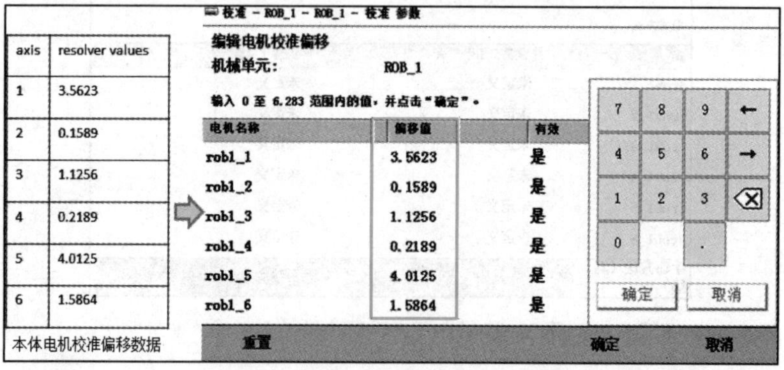

图 3-97　对照 6 个轴的偏移参数进行修改

步骤 7　要使参数有效,必须重启系统。在弹出的 "系统" 对话框中单击 "是" 按钮,则重新启动控制器,如图 3-98 所示。

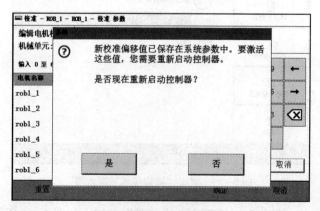

图 3-98　重新启动控制器

步骤 8 重新启动后选择"校准",单击"ROB_1 校准",再单击"手动方法(高级)",选择"转数计数器",单击"更新转数计数器",如图 3-99 所示。

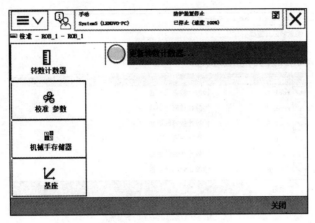

图 3-99　更新转数计数器

步骤 9 在弹出的"警告"对话框中单击"是"按钮,如图 3-100 所示。

图 3-100　单击"是"按钮

步骤 10 在弹出的"更新转数计数器"界面中勾选"ROB_1 校准",单击"确定"按钮,如图 3-101 所示。

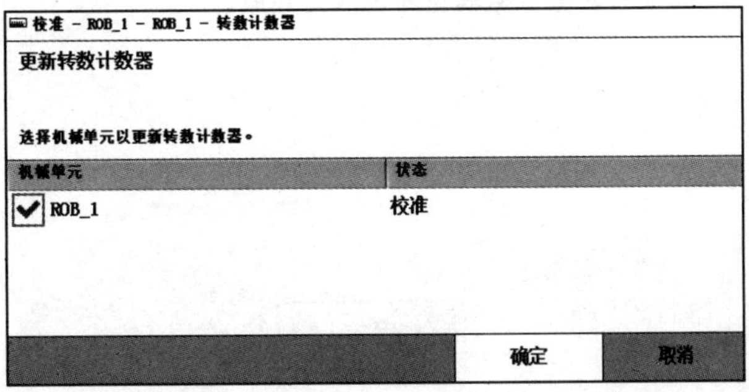

图 3-101　勾选"ROB_1 校准"

步骤 **11** 在弹出的"更新转数计数器"界面中单击"全选"按钮，再单击"更新"按钮，如图 3-102 所示。

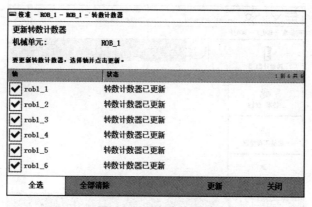

图 3-102　全选并更新

步骤 **12** 在弹出的"警告"对话框中单击"更新"按钮，如图 3-103 所示。

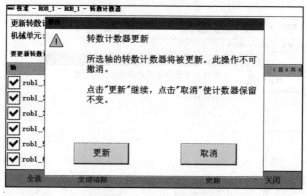

图 3-103　单击"更新"

步骤 **13** 等待系统自动更新完毕，弹出"转数计数器更新已成功完成"提示信息，单击"确定"按钮，如图 3-104 所示。单击"关闭"按钮完成校准。

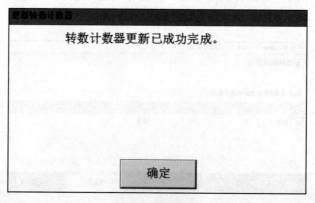

图 3-104　转数计数器更新已成功完成

工业机器人的控制方式及特点

工业机器人的控制方式按作业任务不同可分为：点位控制方式、连续轨迹控制方式、力控制方式和智能控制方式。

（1）点位控制方式（TPT）。这种控制方式的特点是只控制工业机器人末端执行器在作业空间中某些规定的离散点上的位姿。控制时，只要求工业机器人快速、准确地实现相邻各点之间的运动，而对达到目标点的运动轨迹不做任何规定。这种控制方式的主要技术指标是定位精度和运动所需的时间。

（2）连续轨迹控制方式（CP）。这种控制方式的特点是连续地控制工业机器人末端执行器在作业空间的位姿，要求其严格按照预定的轨迹和速度在一定的精度范围内运动，而且速度可控、轨迹光滑、运动平稳。

（3）力（力矩）控制方式。在完成装配、抓放物体等工作时，除要求工业机器人能够准确定位外，还要求其用力适当，这时就要利用力（力矩）控制方式。这种方式的控制原理与位置伺服控制原理基本相同，只不过输入量和反馈量不是位置信号，而是力（力矩）信号，因此系统中必须有力（力矩）传感器。有时也利用接近、滑动等传感器进行自适应式控制。

（4）智能控制方式。工业机器人的智能控制是通过传感器获得周围环境的信息，根据自身存储的知识库做出相应的决策。采用智能控制技术的工业机器人具有较强的适应性及自学习能力。智能控制技术的发展有赖于人工神经网络、基因算法、遗传算法、专家系统等人工智能技术的发展。

技能检测

一、单选题

1.用来表征工业机器人重复定位其手部于同一目标位置的能力的参数是（　　）。

　　A.定位精度　　　　　B.速度　　　　　　　C.工作范围　　　　　D.重复定位精度

2.工业机器人运动自由度数一般（　　）。

　　A.小于2个　　　　　B.小于3个　　　　　C.小于6个　　　　　D.大于6个

3.通常，用来定义工业机器人相对于其他物体的运动、与工业机器人通信的其他部件以及运动部件的参考坐标系是（　　）。

　　A.全局参考坐标系　　　　　　　　　　B.关节参考坐标系

　　C.工具参考坐标系　　　　　　　　　　D.工件参考坐标系

4.用来描述工业机器人每个独立关节运动的参考坐标系是（　　）。

A. 全局参考坐标系   B. 关节参考坐标系

C. 工具参考坐标系   D. 工件参考坐标系

5. 对工业机器人进行示教时，示教位置后，分别对速度、操作顺序进行示教的方式是（　　）。

A. 集中示教   B. 分离示教   C. 手把手示教   D. 示教盒示教

二、简答题

1. 工业机器人的传动特点有哪些？

2. 如何区别 3 种定义工具坐标系的方法？

3. 工件坐标系的作用是什么？

4. 工业机器人的有效载荷参数有哪些？

5. 什么情况下需要更新转数计数器？

三、实操题

1. 实训室中，对 ABB 工业机器人（或其他工业机器人）的操作面板、菜单功能，以及示教器进行操作演练。

2. 通过手动方式设定工具坐标系和工件坐标系。注意记录操作步骤。

3. 结合不同情况，进行转数计数器的更新。

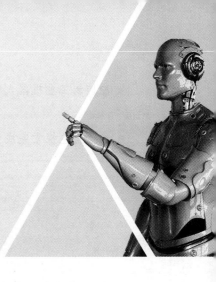

单元四

ABB 工业机器人 I/O 通信

通常，工业机器人需要通过接收其他设备或传感器的信号才能完成指派的生产任务，例如：要将板链上某个货物搬运到另一个地方，首先就要确定货物是否已到达指定的位置，这就需要一个位置传感器（到位开关）；当货物到达指定位置后，传感器给工业机器人发送一个信号。机器人接到这个信号后，就执行相应的操作，如按照预定的轨迹开始搬运。

对工业机器人而言，类似到位开关的信号属于数字量输入信号。在 ABB 工业机器人中，这种信号的接收是通过标准 I/O 信号板来完成的。标准 I/O 信号板也称为信号的输入 / 输出板，安装在工业机器人的控制柜中。常见的 ABB 工业机器人标准 I/O 信号板包括 DSQC 651、DSQC 652、DSQC 653 等。

本单元将讲解如何通过示教器配置 ABB 工业机器人 DSQC 652 标准 I/O 信号板，包括配置输入 / 输出信号、组输入 / 输出信号；对 I/O 信号进行监控与操作；将系统输入 / 输出与 I/O 信号关联；通过对示教器上的可编程按键进行定义等。

重点难点

◆ 数字输入、数字输出信号的定义。

◆ DSQC 651 和 DSQC 652 标准 I/O 信号板不同端子接口及地址分配。

◆ 输入 / 输出与 I/O 信号的关联。

能力要求

◆ 能配置 ABB 工业机器人 DSQC 652 标准 I/O 信号板。

◆ 能对 ABB 工业机器人 I/O 信号进行仿真和强制操作。

◆ 能控制工业机器人气爪。

思政目标

◆ 通过自主探索完成任务，树立爱岗敬业的工作作风，树立终身学习的人生态度。

▷ 任务 1　认识工业机器人 I/O 板

任务描述

ABB 工业机器人具有丰富的 I/O 通信接口，用户可以轻松地通过其与周边设备进行通信。ABB 标准 I/O 信号板提供的常用信号有数字输入 di、数字输出 do、模拟量输入 ai、模拟量输出 ao、组输入 gi、组输出 go。本任务主要介绍如何识别 DSQC 651 和 DSQC 652 标准 I/O 信号板。

任务目标

1. 认识 ABB 常用的标准 I/O 信号板的主要构成及作用。

2. 了解 DSQC 651 和 DSQC 652 标准 I/O 信号板不同端子接口及地址分配。

任务实施

一、认识 ABB 常用标准 I/O 信号板

ABB 常用标准 I/O 信号板见表 4-1。

表 4-1　ABB 常用标准 I/O 信号板

标准 I/O 信号板型号	说明
DSQC 651	分布式 I/O 模块 di8、do8、ao2
DSQC 652	分布式 I/O 模块 di16、do16
DSQC 653	分布式 I/O 模块 di8、do8，带继电器
DSQC 355A	分布式 I/O 模块 ai4、ao4
DSQC 377B	输送链跟踪模块

1.ABB 标准 I/O 信号板 DSQC 651

DSQC 651 主要提供 8 个通道的数字量输入信号、8 个通道的数字量输出信号和 2 个通道的模拟量输出信号的处理，如图 4-1 所示。

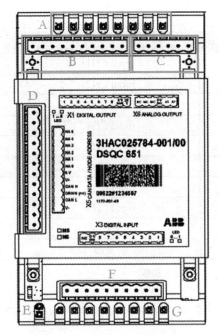

图 4-1　DSQC 651 端口组成

A—信号输出指示灯　B—X1 数字输出接口　C—X6 模拟输出接口
D—X5 是 DeviceNet 接口　E—模块状态指示灯　F—X3 数字输入接口　G—数字输入信号指示灯

步骤 1 识别 X1 端子。X1 端子接口包括 8 个数字输出，端子定义及分配地址见表 4-2。

表 4-2　DSQC 651 的 X1 端子定义及分配地址

X1 端子编号	定义	分配地址
1	Output CH1	32
2	Output CH2	33
3	Output CH3	34
4	Output CH4	35
5	Output CH5	36
6	Output CH6	37
7	Output CH7	38
8	Output CH8	39
9	0V	
10	24V	

说明：输出端子 9 脚接 0V，10 脚接 24V，可从 XS16 上接线。

步骤 2 识别 X3 端子。X3 端子接口包括 8 个数字输入，端子定义及分配地址见表 4-3。

表 4-3　DSQC 651 的 X3 端子定义及分配地址

X3 端子编号	定义	分配地址
1	Input CH1	0
2	Input CH2	1
3	Input CH3	2
4	Input CH4	3
5	Input CH5	4
6	Input CH6	5
7	Input CH7	6
8	Input CH8	7
9	0V	
10	未使用	

说明：输入端子 9 脚接 0V，可从 XS16 上接线。

步骤 3 识别 X5 端子。X5 端子是 DeviceNet 接口，接口定义见表 4-4。

表 4-4　DSQC 651 的 X5 端子接口定义

X5 端子编号	定义
1	0V（黑）
2	CAN 信号线 Low（蓝）
3	屏蔽线
4	CAN 信号线 High（白）
5	24V（红）
6	I/O 板地址选择公共端 GND
7	板卡 ID Bit0（LSB）
8	板卡 ID Bit1（LSB）
9	板卡 ID Bit2（LSB）
10	板卡 ID Bit3（LSB）
11	板卡 ID Bit4（LSB）
12	板卡 ID Bit5（LSB）

　　ABB 标准 I/O 信号板是挂在 DeviceNet 网络上的，所以需要设定板卡在网络中的地址。X5 端子的 6 ～ 12 脚的跳线决定板卡的地址，将跳线的相应引脚剪掉即可得到相应的地址，地址范围为 10 ～ 63。

　　如图 4-2 所示，剪断了 8 号、10 号地址针脚，由 2+8=10，可以获得 10 的地址。如需获得 15 的地址，可把 7 ～ 10 脚的跳线剪去。（网络地址采用二进制算法，若剪断则输出高电平 "1"，保留针脚则输出低电平 "0"，获取地址必须剪去某些针脚。）

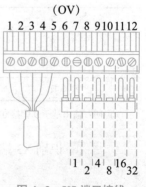

图 4-2　X5 端口接线

步骤4 识别 X6 端子。X6 端子接口包括 2 个模拟输出，端子定义及地址分配见表 4-5。

表 4-5 DSQC 651 的 X6 端子定义及分配地址

X6 端子编号	定义	分配地址
1	未使用	
2	未使用	
3	未使用	
4	0V	
5	模拟量输出 AO1	0 ~ 15
6	模拟量输出 AO2	16 ~ 31

说明：模拟量输出的范围为 0 ~ 10V。

2. ABB 标准 I/O 信号板 DSQC 652

DSQC 652 如图 4-3 所示，主要提供 16 个通道的数字量输入信号、16 个通道的数字量输出信号的处理。

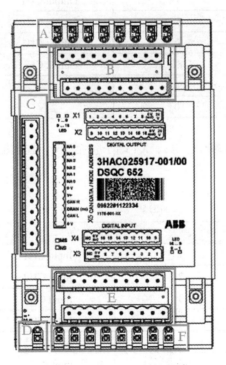

图 4-3　DSQC 652 端口组成

A—信号输出指示灯　B—X1、X2 数字输出接口　C—X5 是 DeviceNet 接口
D—模块状态指示灯　E—X3、X4 数字输入接口　F—数字输入信号指示灯

步骤1 识别 X1、X2 端子。X1、X2 端子包括 16 个数字输出，X1、X2 端子定义及分配地址见表 4-6。

表 4-6　DSQC 652 的 X1、X2 端子定义及分配地址

端子	端子编号	定义	分配地址
X1	1	Output CH1	0
	2	Output CH2	1
	3	Output CH3	2
	4	Output CH4	3
	5	Output CH5	4
	6	Output CH6	5
	7	Output CH7	6
	8	Output CH8	7
	9	0V	
	10	24V	
X2	1	Output CH9	8
	2	Output CH10	9
	3	Output CH11	10
	4	Output CH12	11
	5	Output CH13	12
	6	Output CH14	13
	7	Output CH15	14
	8	Output CH16	15
	9	0V	
	10	24V	

步骤 2　识别 X3、X4 端子。X3、X4 端子包括 16 个数字输入，X3、X4 端子定义及分配地址见表 4-7。

表 4-7　DSQC 652 的 X3、X4 端子定义及分配地址

端子	端子编号	定义	分配地址
X3	1	Input CH1	0
	2	Input CH2	1
	3	Input CH3	2
	4	Input CH4	3
	5	Input CH5	4
	6	Input CH6	5
	7	Input CH7	6
	8	Input CH8	7
	9	0V	
	10	未使用	

续表

端子	端子编号	定义	分配地址
X4	1	Input CH9	8
	2	Input CH10	9
	3	Input CH11	10
	4	Input CH12	11
	5	Input CH13	12
	6	Input CH14	13
	7	Input CH15	14
	8	Input CH16	15
	9	0V	
	10	未使用	

在 X1 和 X2 的上方有两排 LED 指示灯，每排 8 个，代表 8 个通道。当某一通道有信号输出时，该通道的 LED 指示灯会点亮，如图 4-4 所示。

图 4-4 信号输出指示灯

同样，在 X3 和 X4 的下方也有两排 LED 指示灯，用来指示相应通道的状态，当某一通道有信号输入时，该通道的 LED 指示灯会点亮。

步骤 3 识别 X5 端子。DSQC 652 中的 X5 端子的定义与 DSQC 651 的 X5 端子的定义相同，具体见表 4-4。

3. ABB 标准 I/O 信号板 DSQC 653

DSQC 653 主要提供 8 个通道的数字量输入信号、8 个通道的数字继电器输出信号的处理，如图 4-5 所示。

图 4-5　DSQC 653 接口

1—X1，数字量继电器输出信号接口　2—X5，DeviceNet 接口　3—X3，数字量输入接口

4. ABB 标准 I/O 信号板 DSQC 377B

DSQC 377B 主要提供机器人输送链跟踪功能的同步开关与编码器信号的处理。一块输送链跟踪板卡只能对应一条需要跟踪的输送链，若需要同时跟踪多条输送链，则需要配置对应数量的跟踪板卡，ABB 机器人最多可以同时跟踪 6 条输送链。DSQC 377B 接口如图 4-6 所示。

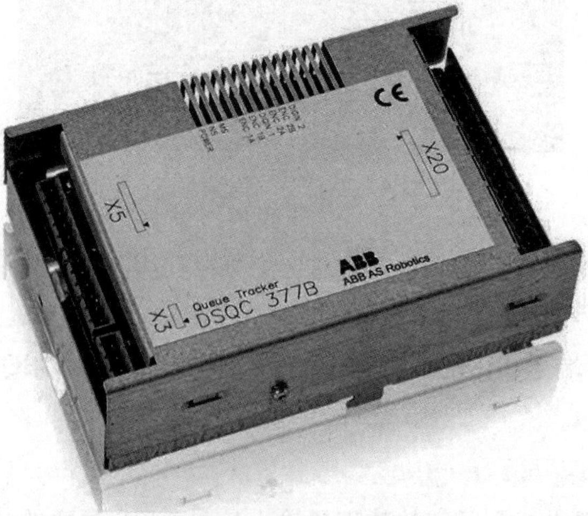

图 4-6　DSQC 377B 接口

X3—供电电源　X5—DeviceNet 接口　X20—连接同步开关和编码器的端子

知识链接

一、模拟信号

模拟信号是一种信号与信息不断变化的物理量。例如，你通过收音机收听 AM 或者 FM 广播，那么收到的信号是模拟信号。模拟信号的幅度的取值是连续的（幅值可由无限个数值表示），时间上连续的模拟信号是连续变化的图像（电视、传真）信号。

模拟信号的优点是直观且容易实现，但存在两个主要缺点：（1）保密性差；（2）抗干扰能力弱。

二、数字信号

数字信号是指幅度的取值是离散的，幅值被限制在有限个数值之内。二进制编码就是一种数字信号。二进制编码的噪声影响小，很容易被数字电路处理。所以，二进制编码能够广泛应用。

目前，数字信号在信号处理技术领域越来越重要，几乎所有的复杂信号的编制都离不开对数字信号的处理。可以说，只要可以用数学公式来解决的问题，都可以通过计算机将其转换为各种数字信号来处理。

日常生活中，我们接触的大部分信号是模拟信号，但是模拟信号在传输过程中会产生很大的失真，所以需要将其转换成数字信号，传输之后，再将数字信号转换成模拟信号。

以手机通话为例，我们打电话时，声音是模拟信号，手机先将模拟信号转换成数字信号，再调制成高频数字信号，通过手机天线发射出去。周围的基站收到手机发送的数字信号后，通过网络传给接听电话的人附近的基站，基站再将高频数字信号传给接听者的手机，手机接收到信号后，经过解调转成模拟信号，接听者就可以听到我们的声音了。

▷ 任务 2　配置 ABB 工业机器人的标准 I/O 信号板

任务描述

ABB 常用的标准 I/O 信号板有 DSQC 651、DSQC 652、DSQC 653、DSQC 355A、DSQC 377B 共 5 种，除分配地址不同外，其配置方法基本相同。ABB 工业机器人标准 I/O 信号板 DSQC 652 是最为常用的板卡之一，本任务就以配置 DSQC 652 为例进行介绍。

任务目标

1. 掌握配置 ABB 工业机器人 DSQC 652 标准 I/O 信号板的方法。
2. 掌握数字输入、数字输出信号的定义。

任务实施

配置 ABB
机器人 I/O 板

一、定义 DSQC 652 标准 I/O 信号板的总线连接

ABB 标准 I/O 信号板挂在 DeviceNet 现场总线下，通过 X5 端口与 DeviceNet 现场总线进行通信。DSQC 652 的总线连接说明见表 4-8。

表 4-8　DSQC 652 的总线连接说明

参数名称	设定值	说　明
Type of Unit	DSQC 652	设定标准 I/O 信号板的类型
Name	Board 10	设定标准 I/O 信号板在系统中的名称
Address	10	设定标准 I/O 信号板在系统中的地址

总线连接操作步骤如下：

步骤 1　单击 ABB 主菜单中的"控制面板"，如图 4-7 所示。

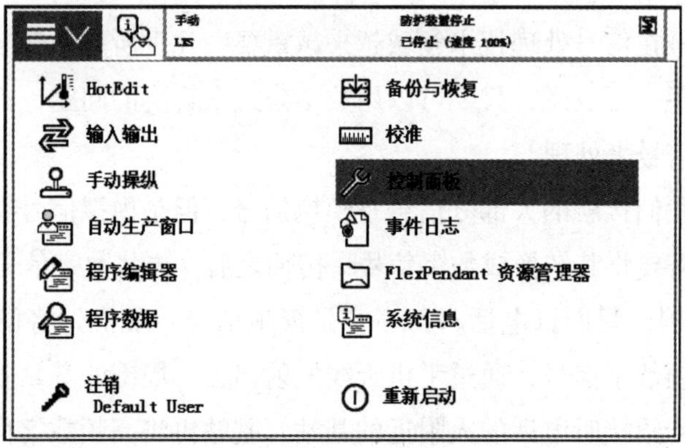

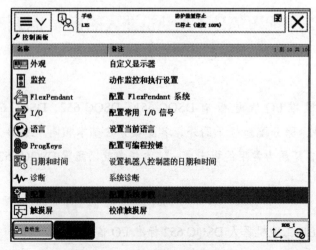

图 4-7　单击"控制面板"

步骤 2　选择"配置系统参数"，如图 4-8 所示。

图 4-8　选择"配置系统参数"

步骤 3 进入配置系统参数界面，选中"DeviceNet Device"，然后单击"显示全部"按钮并进行设定，如图 4-9 所示。

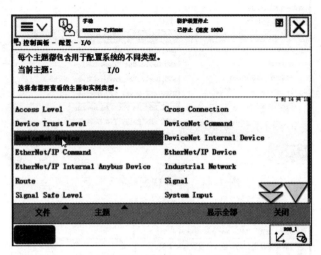

图 4-9 "DeviceNet Device"设定

步骤 4 单击"添加"按钮，如图 4-10 所示。

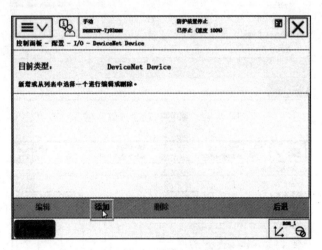

图 4-10 单击"添加"

步骤 5 在"使用来自模板的值"下拉列表中选择"DSQC 652 24 VDC I/O Device"，如图 4-11 所示。

步骤 6 选择 DSQC 652 标准 I/O 信号板后，其参数会自动生成默认值，如图 4-12 所示。

步骤 7 设置标准 I/O 信号板所在的实际地址，双击"Address"，将 Address 的值设为"10"（10 代表此模块在总线中的地址，是 ABB 工业机器人出厂默认值），单击"确定"按钮，如图 4-13 所示。

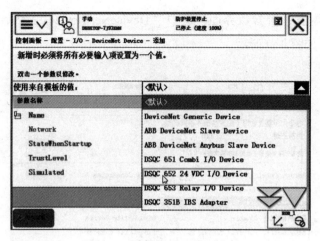

图 4-11 选择 DSQC 652 板卡

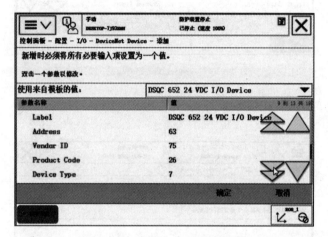

图 4-12 参数自动生成默认值

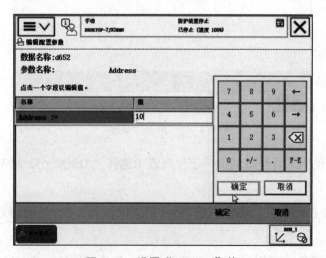

图 4-13 设置 "Address" 值

步骤 8 参数设定完毕,单击 "确定" 按钮,出现 "重新启动" 对话框,单击 "是"
按钮,重新启动控制系统,完成 DSQC 652 系统参数配置,如图 4-14 所示。

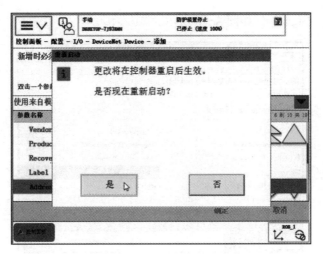

图 4-14　完成配置，重启系统

数字输入信号
di1 的定义

二、数字输入信号 di1 的定义

数字输入信号 di1 参数含义见表 4-9。

表 4-9　数字输入信号 di1 参数含义

参数名称	设定值	说　明
Name	di1	设定数字输入信号的名称
Type of Signal	Digital Input	设定信号的类型
Assigned to Device	d652	设定信号所在的 I/O 模块
Device Mapping	0	设定信号所占用的地址

定义数字输入信号 di1 的操作步骤如下：

步骤 1　单击"控制面板"，选择"配置系统参数"，如图 4-15 所示。

图 4-15　选择"配置系统参数"

步骤2 双击"Signal",如图 4-16 所示。

图 4-16　双击"Signal"设定

步骤3 单击"添加"按钮,如图 4-17 所示。

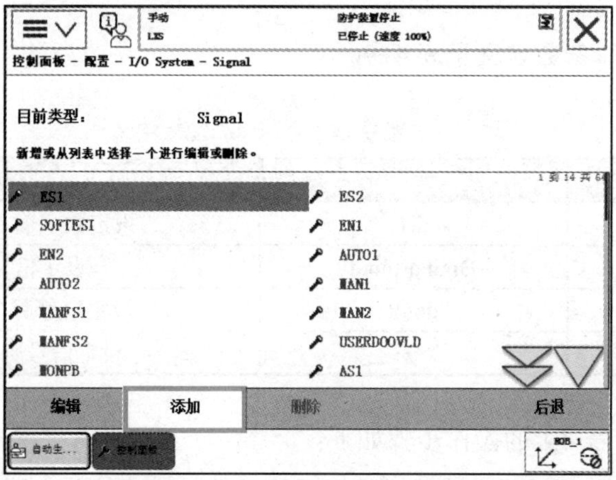

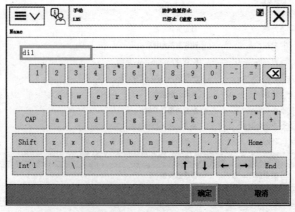

图 4-17　单击"添加"

步骤4 双击"Name",输入"di1",然后单击"确定"按钮,如图 4-18 所示。

图 4-18　输入"di1"

步骤 5 双击"Type of Signal",选择"Digital Input",如图 4-19 所示。

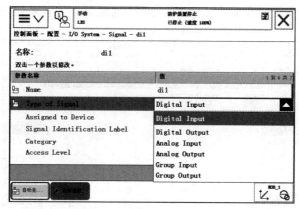

图 4-19 选择"Digital Input"

步骤 6 双击"Assigned to Device",选择"d652",如图 4-20 所示。

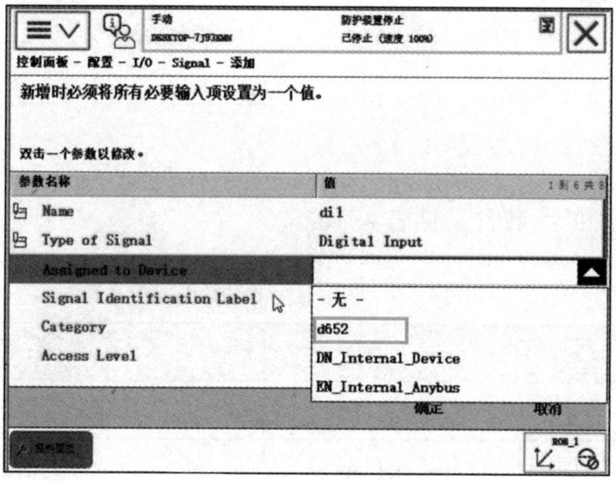

图 4-20 选择"d652"

步骤 7 双击"Device Mapping",输入"0",单击"确定"按钮,如图 4-21 所示。

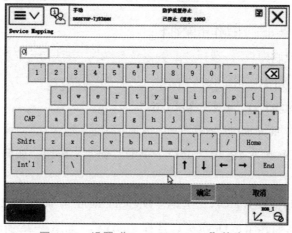

图 4-21 设置"Device Mapping"值为 0

步骤8 参数设定完毕，单击"确定"按钮，出现"重新启动"对话框，单击"是"按钮，重新启动控制系统，完成数字输入信号 di1 的定义，如图 4-22 所示。

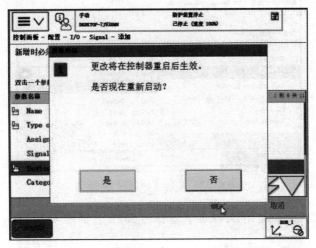

图 4-22 完成信号定义，重启系统

三、数字输出信号 do1 的定义

数字输入信号 do1 的参数含义见表 4-10。

表 4-10 数字输出信号 do1 参数含义

参数名称	设定值	说 明
Name	do1	设定数字输出信号的名称
Type of Signal	Digital Output	设定信号的类型
Assigned to Device	d652	设定信号所在的 I/O 模块
Device Mapping	1	设定信号所占用的地址

定义数字输出信号 do1 的操作步骤如下：

步骤1 单击"控制面板"，选择"配置系统参数"，方法与定义数字输入信号的操作步骤 1 相同，如图 4-15 所示。

步骤2 双击"Signal"，如图 4-16 所示。

步骤3 单击"添加"，如图 4-17 所示。

步骤4 双击"Name"，输入"do1"，单击"确定"按钮，如图 4-23 所示。

步骤5 双击"Type of Signal"，选择"Digital Output"，如图 4-24 所示。

步骤6 双击"Assigned to Device"，选择"d652"，如图 4-25 所示。

数字输出信号
do1 的定义

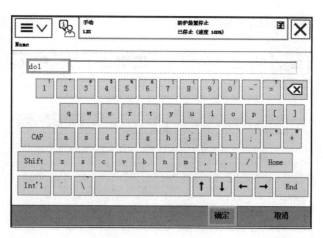

图 4-23　输入 "do1"

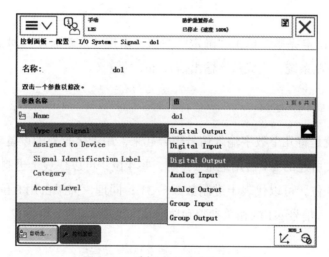

图 4-24　选择 "Digital Output"

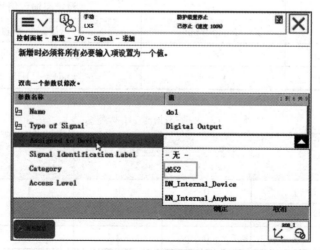

图 4-25　选择 "d652"

步骤7 双击"Device Mapping",输入"1",单击"确定"按钮,如图4-26所示。

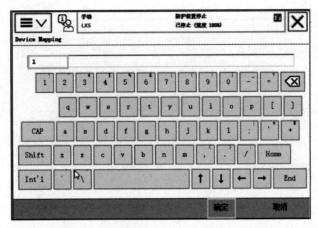

图4-26 设置"Device Mapping"值为1

步骤8 参数设定完毕,单击"确定"按钮,出现"重新启动"对话框,单击"是"按钮,重新启动控制系统,完成数字输出信号do1的定义。

四、组输入信号 gi1 的定义

组输入信号就是将几个数字输入信号组合起来,用于接收外围设备输入的BCD编码的十进制数。下文所述的gi1占用地址1～4,共4位,可以代表十进制数0～15。以此类推,如果占用5位,可以代表十进制数0～31;同理,如果占用8位,可代表十进制数0～255。组输入信号gi1的相关参数和地址状态见表4-11、表4-12。

表4-11 组输入信号 gi1 参数含义

参数名称	设定值	说　明
Name	gi1	设定组输入信号的名称
Type of Signal	Group Input	设定信号的类型
Assigned to Device	d652	设定信号所在的 I/O 模块
Device Mapping	1～4	设定信号所占用的地址

表4-12 组输入信号 gi1 状态说明

状　态	地址 1	地址 2	地址 3	地址 4	十进制数
	1	2	4	8	
状态 1	1	0	0	1	1+8=9
状态 2	1	1	1	0	1+2+4=7
状态 3	1	0	1	1	1+4+8=13

定义组输入信号 gi1 的操作步骤如下：

步骤1 单击"控制面板"，选择"配置系统参数"，方法与定义数字输入信号的操作步骤 1 相同，如图 4-15 所示。

步骤2 双击"Signal"，如图 4-16 所示。

步骤3 单击"添加"按钮，如图 4-17 所示。

步骤4 双击"Name"，输入"gi1"，单击"确定"按钮，如图 4-27 所示。

组输入信号 gi1 的定义

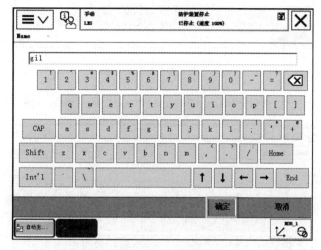

图 4-27 输入"gi1"

步骤5 双击"Type of Signal"，选择"Group Input"，如图 4-28 所示。

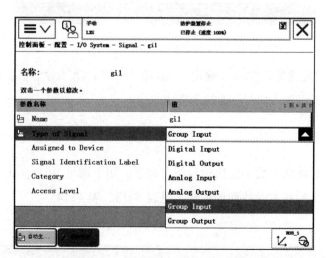

图 4-28 选择"Group Input"

步骤6 双击"Assigned to Device"，选择"d652"，如图 4-29 所示。

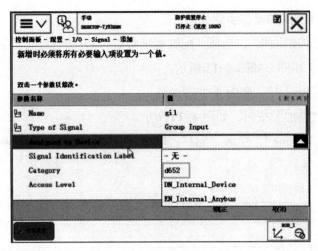

图 4-29　选择 "d652"

步骤 7　双击 "Device Mapping"，输入 "1-4"，单击 "确定" 按钮，如图 4-30 所示。

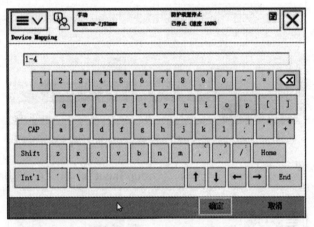

图 4-30　设置 "Device Mapping" 值为 "1-4"

步骤 8　参数设定完毕，单击 "确定"，出现 "重新启动" 对话框，单击 "是"，重新启动控制系统，完成组输入信号 gi1 的定义。

五、组输出信号 go1 的定义

组输出信号就是将几个数字输出信号组合起来，用于输出 BCD 码的十进制数。

组输出信号 go1 的相关参数和地址状态见表 4-13、表 4-14。

表 4-13　组输出信号 go1 参数含义

参数名称	设定值	说　明
Name	go1	设定组输出信号的名称
Type of Signal	Group Output	设定信号的类型

续表

参数名称	设定值	说　明
Assigned to Device	d652	设定信号所在的 I/O 模块
Device Mapping	12 ～ 15	设定信号所占用的地址

表 4-14　组输出信号 go1 状态说明

状　态	地址 12	地址 13	地址 14	地址 15	十进制数
	1	2	4	8	
状态 1	0	1	0	1	2+8=10
状态 2	1	1	0	1	1+2+8=11
状态 3	1	1	1	1	1+2+4+8=15

定义组输出信号 go1 的操作步骤如下：

步骤 1 单击"控制面板"，选择"配置系统参数"，方法与定义数字输入信号的操作步骤 1 相同，如图 4-15 所示。

组输出信号 go1
的定义

步骤 2 双击"Signal"，如图 4-16 所示。

步骤 3 单击"添加"按钮，如图 4-17 所示。

步骤 4 双击"Name"，输入"go1"，单击"确定"按钮，如图 4-31 所示。

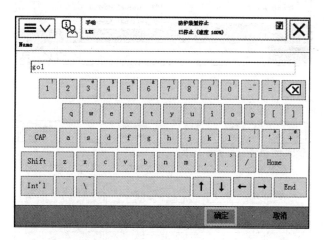

图 4-31　输入"go1"

步骤 5 双击"Type of Signal"，选择"Group Output"，如图 4-32 所示。

步骤 6 双击"Assigned to Device"，选择"d652"，如图 4-33 所示。

步骤 7 双击"Device Mapping"，输入"12-15"，单击"确定"按钮，如图 4-34 所示。

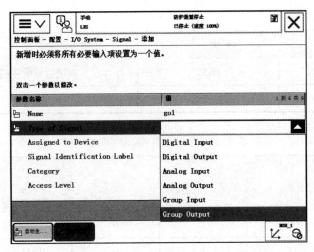

图 4-32　选择"Group Output"

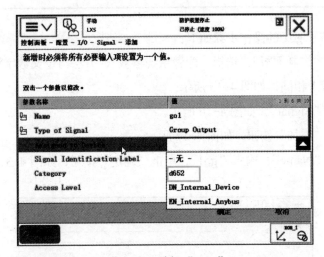

图 4-33　选择"d652"

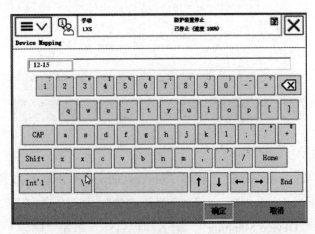

图 4-34　设置"Device Mapping"值为"12-15"

步骤8 参数设定完毕，单击"确定"按钮，出现"重新启动"对话框，单击"是"按钮，重新启动控制系统，完成组输出信号 go1 的定义。

知识链接

ABB 工业机器人的组输入 / 组输出信号是单独的输入 / 输出信号的联合体，工业机器人通过组信号与外部设备传输整数数字，实际上，组信号还有提高信号利用率的用途。

通常，一个信号只能有 0 或 1 两种状态。有时，在标准 I/O 信号板的 I/O 点数量不够但又不方便新增 I/O 信号板的情况下，可以利用组信号提高信号利用率。例如，仅仅使用 4 个信号就可以实现 16 种状态组合方式，见表 4-15。

表 4-15　组信号组合方式

序号	地址 4	地址 3	地址 2	地址 1	组信号值
	8	4	2	1	
1	0	0	0	0	0
2	0	0	0	1	1
3	0	0	1	0	2
4	0	0	1	1	3
5	0	1	0	0	4
6	0	1	0	1	5
7	0	1	1	0	6
8	0	1	1	1	7
9	1	0	0	0	8
10	1	0	0	1	9
11	1	0	1	0	10
12	1	0	1	1	11
13	1	1	0	0	12
14	1	1	0	1	13
15	1	1	1	0	14
16	1	1	1	1	15

例如，要求工业机器人等待 4 个输出（输入）信号同时为 1 时，再执行下一条指令。应该如何编写程序？

方案 1：WaitDI di0，1；

　　　　WaitDI di1，1；

　　　　WaitDI di2，1；

　　　　WaitDI di3，1；

特点：方案 1 有两个问题。一是当信号太多时代码会很长；二是多个信号的处理会存在时间差异，不太安全。例如，当程序指针走到 di1 时，di0 突然变成 0，但机器人还是会继续往下执行。

方案 2：WaitUntil di0=1 AND di1=1 AND di2=1 AND di3=1；

特点：方案 2 不会出现时间差异的问题，但当信号条件非常多时程序语句会很冗长。

方案 3：如果将上述 4 个信号配置成一个组输入，则只需要执行"WaitGI gi0，15；"这一条指令就可以了。

在 ABB 工业机器人的组信号配置中，对于地址连续的信号，使用英文半角的"–"将组信号的首地址与末地址连接起来即可，例如组输入 gi0 所占用的地址为 0，1，2，3，4，5，6，7，那么地址配置成"0-7"就可以了。

如果组信号的地址是不连续的，那么就需要通过英文半角的"，"将不连续的地址依次配置，例如可以写成"1,3,7,9"。

任务 3　ABB 工业机器人 I/O 信号的监控与仿真

任务描述

ABB 工业机器人调试，需要在掌握 I/O 信号运行情况的前提下进行，这就要对 I/O 信号进行监控以了解所有输入及输出信号的地址、状态等信息。本任务将讲解如何通过输入 / 输出界面监控信号，并对 I/O 信号的状态或数值进行相应的仿真和强制操作，以便在机器人调试和检修时调用。

任务目标

1. 熟悉输入 / 输出信号监控界面的操作。
2. 掌握对 ABB 工业机器人 I/O 信号进行仿真和强制操作的方法。

任务实施

一、I/O 信号的监控

本单元的任务 2 已定义了 I/O 信号，现在可以在示教器输入 / 输出界面查看信号。具体操作如下：

步骤 1　开启 ABB 工业机器人，并将机器人调到手动状态。

步骤 2　单击 ABB 主菜单中的"输入输出"，如图 4-35 所示。

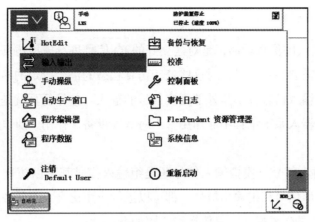

图 4-35　单击"输入输出"

步骤 3 单击右下角的"视图"，选择"全部信号"，如图 4-36 所示。

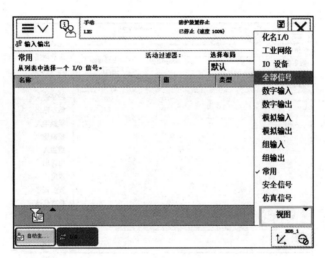

图 4-36　选择"全部信号"

步骤 4 查看所定义的信号，如图 4-37 所示。

图 4-37　查看 I/O 信号

二、I/O 信号的仿真操作

ABB 工业机器人的仿真功能，是对建立好的 IO 信号进行虚拟仿真，可以将对应信号设置为需要的值，需要注意的是，对这些处于仿真状态的信号设定的输出值对外部真实设备是无效的，或者输入信号并不是外部真实信号的输入。信号仿真就是处理虚拟状态的信号，仅仅在工业机器人系统编程中起作用，不对真实设备起作用，所以该类操作称为信号的仿真操作。

不管是数字输入信号、模拟输入信号还是组输入信号都可以仿真；同样，对于数字输出信号、模拟输出信号和组输出信号，都可以进行应用仿真。本任务主要讲解数字输入 di1 和数字输出 do2 的仿真操作。具体操作步骤如下：

步骤 1 单击 ABB 主菜单中的"输入输出"，单击"视图"并选择"数字输入"，如图 4-38 所示。

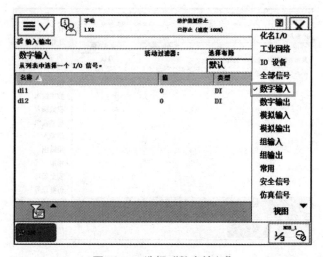

图 4-38 选择"数字输入"

步骤 2 选中需要仿真的数字输入信号"di1"，单击下方的"仿真"，将数字输入信号切换到仿真状态。

步骤 3 单击"1"或者"0"就可以对数字输入信号进行仿真。

步骤 4 处于仿真状态的信号后面会显示"（Sim）"，单击"消除仿真"就可以取消仿真操作，如图 4-39 所示。

步骤 5 同理，进行输出信号仿真操作，单击 ABB 主菜单中的"输入输出"，单击"视图"并选择"数字输出"，如图 4-40 所示。

步骤 6 选中需要仿真的数字输出信号"do2"，单击下方的"仿真"，将数字输出信号切换到仿真状态。

步骤 7 单击"1"或者"0"就可以对数字输出信号进行仿真，如图 4-41 所示。单击"消除仿真"就可以取消仿真操作。

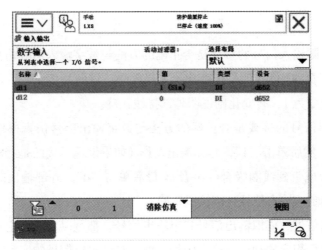

图 4-39　数字输入信号 "di1" 仿真

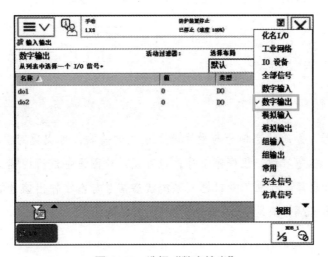

图 4-40　选择 "数字输出"

图 4-41　数字输出信号 "do2" 仿真

知识链接

通常，测试实际输入信号的接线是否正确的方法与数字输入信号仿真操作类似。进入数字输入界面，查看 di1 信号值是否变化，如果此端口接的是传感器，可以通过遮挡传感器来查看该值是否变为 1，有变化则说明外部接线正确。

测试实际输出信号的接线是否正确的方法与数字输出信号仿真操作类似。首先选中"do1"输出信号，然后单击"1"，外部输出动作（如果该端子接的是继电器或电磁阀，则可以看到线圈吸合或听到线圈吸合的声音），最后单击"0"，外部输出断开。若这三步顺利完成，则可以确定该输出信号外部接线正确。

对于数字输出信号、模拟输出信号和组输出信号，都可以直接设定对应的输出值，供对应的控制设备执行相应的动作。这里的给定值是对应输出信号的实际输出值，一般根据实际要求进行测试，目的是检查接线是否正确和调试设备动作等。

▶ 任务 4　系统输入 / 输出与 I/O 信号的关联

任务描述

建立工业机器人系统状态信号与数字输入信号的关联，可实现对机器人系统的控制，例如电动机开启、程序启动、程序停止等；也可以对外围设备进行控制，例如电动机主轴的转动、夹具的开启等。建立工业机器人系统状态信号与数字输出信号的关联，可以将机器人的系统状态输出给外部设备，以达到控制或警示的作用。

任务目标

掌握系统输入 / 输出与 I/O 信号的关联。

任务实施

系统输入"电机启动"与
数字输入信号 **di1** 的关联

一、系统输入"电机启动"与数字输入信号 di1 的关联

操作步骤如下：

步骤 1 单击 ABB 主菜单中的"控制面板"，选择"配置系统参数"，如图 4-8 所示。

步骤 2 双击"System Input"，如图 4-42 所示。

步骤 3 进入图 4-43 所示界面，单击"添加"按钮。

步骤 4 双击"Signal Name"，选择要关联的数字输入信号"di1"之后单击"确定"按钮，如图 4-44 所示。

图 4-42 双击"System Input"

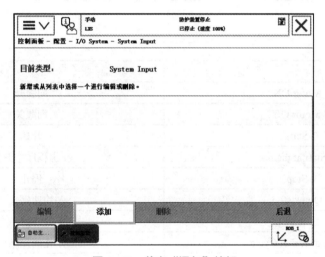

图 4-43 单击"添加"按钮

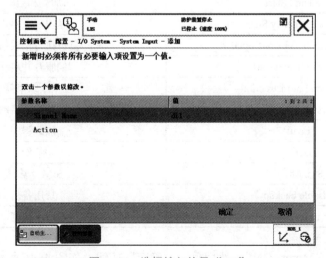

图 4-44 选择输入信号"di1"

步骤5 双击"Action",选择要关联的系统输入,如图4-45所示。系统输入信号及其含义见表4-16。

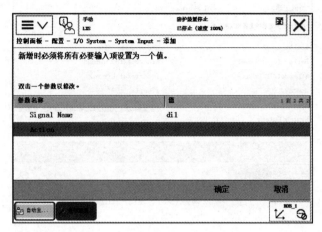

图4-45 双击"Action"

表4-16 系统输入信号及其含义

输入信号名称	含义
Motor ON	伺服开
Motor Off	伺服关
Start	开始
Start at main	在主程序中开始
Stop	停止
Quick stop	快速停止
Soft Stop	软停止
Stop at end of Cycle	停止周期结束
Interrupt	暂停
Load and Start	加载和启动
Reset Emergency Stop	复位紧急停止
Reset Execution Error Signal	复位执行错误信号
Motors On and start	伺服开并启动
Stop at end of instruction	在指令结束停止
System Restart	系统重新启动
Load	加载程序
Backup	备份
Sim Mode	SIM 卡模式
Disable backup	禁用备份
Limit Speed	极限速度

步骤6 选择"Motors ON",然后单击"确定"按钮,如图4-46所示。

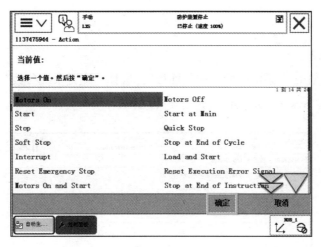

图 4-46　选择 "Motors On"

步骤 7 单击 "确定" 按钮确认设定，如图 4-47 所示。

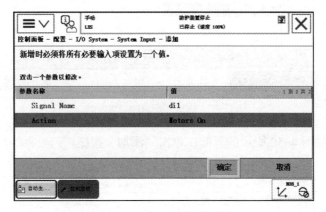

图 4-47　单击 "确定" 按钮

步骤 8 如果已设定完成则单击 "是" 按钮，重新启动控制器；如果还需要设定其他系统信号则单击 "否" 按钮，如图 4-48 所示。

图 4-48　"重新启动" 对话框

二、系统输出"机器人紧急停止"与数字输出信号 do1 的关联

关联的步骤如下：

步骤 1　单击 ABB 主菜单中的"控制面板"，选择"配置系统参数"。

步骤 2　双击"System Output"，如图 4-49 所示。

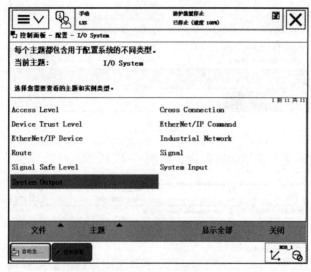

图 4-49　双击"System Output"

步骤 3　进入如图 4-50 所示的界面，单击"添加"按钮。

图 4-50　单击"添加"按钮

步骤 4　双击"Signal Name"，选择要关联的数字输出信号"do1"之后单击"确定"按钮，如图 4-51 所示。

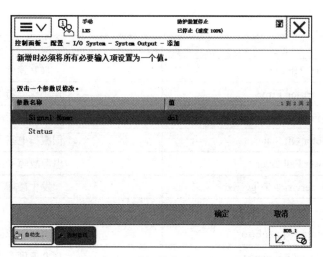

图 4-51 选择输出信号"do1"

步骤 5 双击"Status",选择要关联的系统输出,如图 4-52 所示。系统输出信号及其含义见表 4-17。

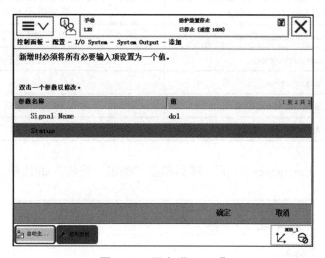

图 4-52 双击"Status"

表 4-17 系统输出信号及其含义

输出信号名称	含义
Motor ON	伺服开
Motor Off	伺服关
Cycle On	循环开
Emergency Stop	紧急停止
Auto On	自动开
Runchain Ok	准备 OK

续表

输出信号名称	含义
TCP Speed	TCP 速度
Execution Error	程序执行错误
Motors On State	伺服上电指示
Motor Off State	伺服掉电指示
Power Fail Error	电源故障错误
Motion Supervision Triggered	发生碰撞
Motion Supervision On	运动监视开
Path return Region Error	路径返回区域错误
TCP Speed Reference	TCP 速度参考
Simulated I/O	模拟 I/O
Mechanical Unit Active	机械单元激活
Task Executing	任务执行
Mechanical Unit Not Moving	机械单元不移动
Production Execution Error	生产执行错误
Backup in progress	备份正在进行中
Backup error	备份错误
Sim Mode	SIM 卡模式
Limit Speed	极限速度

步骤 6 选择 "Emergency Stop"，然后单击 "确定" 按钮，如图 4-53 所示。

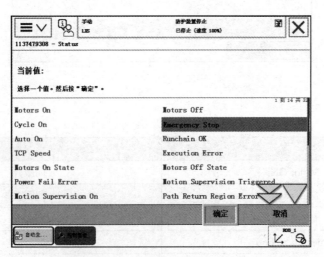

图 4-53 选择 "Emergency Stop"

步骤 7 单击 "确定" 按钮确认设定，如图 4-54 所示。

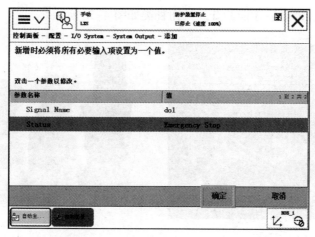

图 4-54 单击"确定"按钮

步骤 8 如果已设定完成则单击"是"按钮，重新启动控制器；如果还需要设定其他系统信号则单击"否"按钮。

知识链接

常见的工业机器人外部电器包括输入设备和输出设备两大类。

一、输入设备

1. 传感器

工业机器人需要通过外部电器将反馈信号送至控制器，形成闭环控制。其中，传感器作为输入设备检测装置，用于获取工业机器人的作业对象及外界环境等信息，以使工业机器人的动作能适应外界情况的变化，达到更高的灵敏度。

根据传感器基本感知功能，可将其分为光敏元件、热敏元件、力敏元件、磁敏元件、声敏元件、色敏元件、红外探测等类别，各类传感器如图 4-55 所示。

传感器的输出形式一般分为数字量、模拟量两种。选择传感器时要确定设备的输入端是高电平输入还是低电平输入，ABB 的标准 I/O 信号板的输入 / 输出信号都是 +24V 高电平输入 / 输出（PNP）。

2. 按钮

按钮开关是一种按下即动作，释放即复位的用来接通和分断小电流电路的低压电器。按钮通常用于电路中发出启动或停止指令。

按钮开关的结构种类很多，可分为普通旋钮式、蘑菇头式、自锁式、自复位式、旋柄式、带指示灯式、带灯符号式及钥匙式等，有单钮、双钮及不同组合形式。结构由按钮帽、复位弹簧、静触头、动触头和外壳等组成，通常做成复合式，有一对常闭触头和常开触头，有的产品可通过多个元件的串联增加触头对数。还有一种自持式按钮，按下后即可自动保持闭合位置，断电后才能断开。按钮种类如图 4-56 所示。

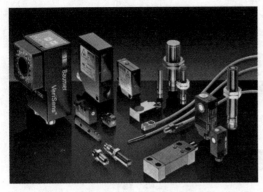

图 4-55　传感器

图 4-56　按钮种类

二、输出设备

输出设备通常包括电磁阀、继电器和信号灯，具体如图 4-57 至 4-60 所示。

图 4-57　电磁阀

图 4-58　继电器

图 4-59　信号灯 1

图 4-60　信号灯 2

1. 电磁阀

电磁阀是一种用于控制流体的自动化基础元件，常用于工业控制系统中，用来调整介质的方向、流量、速度等参数。在气动回路中，电磁阀的作用是控制气流通道的通、断或改变压缩空气的流动方向。其主要工作原理是利用电磁线圈产生的电磁力推动阀芯切换，实现气流的换向。根据工作原理，电磁阀可分为直动式电磁阀、先导式电磁阀、分步直动式电磁阀 3 种。

（1）直动式电磁阀。

工作原理：直动式电磁阀在通电时，通过电磁线圈产生磁力将关闭件由阀座上提起来以打开阀门，控制机械装置运动；在断电时，电磁力消失，关闭件被弹簧重新压于阀座上导致阀门关闭。

特点：在真空、负压、零压时能正常工作，但通径一般不超过 25mm。

（2）先导式电磁阀。

工作原理：先导式电磁阀在通电时，电磁线圈产生电磁力把先导孔打开，使得上腔室的压力急剧下降，在关闭件处形成上低下高的压强差，关闭件被推着向上移动，阀门被打开；在断电时，电磁力消失，先导孔在弹簧的作用下关闭，在关闭件处形成上高下低的压强差，关闭件被推着向下移动，阀门关闭。

特点：流体压力范围上限较高，可任意安装（需定制）但必须满足流体压差条件。

（3）分步直动式电磁阀。

工作原理：分步直动式电磁阀结合了直动式和先导式两种电磁阀的阀门开关的工作原理，当出入口无压强差或压强差较小还不足以推动阀门移动时，利用电磁力的作用打开阀门（同直动式电磁阀）；当出入口压强差可推动阀门移动时，利用压强的作用打开阀门（同先导式电磁阀）；断电后，既无压强差也无电磁力时，阀门在弹簧作用下关闭。

特点：在零压差或真空、高压时亦能动作，但功率较大，必须水平安装。

2. 继电器

继电器是一种信号传递元件，用于转变特定形式的输入信号以控制其触点的开合状态。继电器属于电子控制器件，具备控制系统（输入回路）与被控制系统（输出回路），常常被应用到自动控制电路当中。实际上，继电器就是利用很小的电流来控制较大电流的"自动开关"，在电路中主要起转换电路、自动调节与安全保护的作用。

3. 信号灯

信号灯主要用于提示设备运行状态，线路通断等。

任务 5　配置可编程按键

任务描述

ABB 工业机器人示教器上有 4 个可编程按键，在调试的过程中，通过配置这 4 个按键，可以模拟外围的信号输入或者对信号进行强制输出，大大提高调试效率。

1. 掌握示教器可编程按键的使用。

2. 能控制工业机器人气爪的夹紧与松开。

ABB 工业机器人示教器上面有 4 个可自定义使用功能的快捷按键，称为可编程按键，如图 4-61 所示。这 4 个可编程按键供用户自行分配需要实现快捷控制的 I/O 信号。

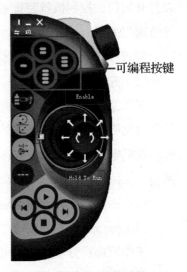

使用时，需要先把某个可编程按键和某个数字输出信号进行关联。可编程按键常用来和 ABB 工业机器人夹具电磁阀、吹气设备、以及其他外部设备进行关联，这样便于手动调试控制设备。可编程按键的关联信号一般设定为只在手动状态有效，自动状态无效。另外，在实际测试可编程按键时，要确保对应关联的数字输出信号接线良好或者通气正常。

图 4-61 可编程按键

下面以给可编程按键 1 配置数字输出信号 do1 为例讲解关联方法，具体操作步骤如下：

步骤 1 单击 ABB 主菜单中的"控制面板"，再单击"配置可编程按键"，如图 4-62 所示。

步骤 2 选中"按键 1"，然后在"类型"中选择"输出"，如图 4-63 所示。

配置可编程按键

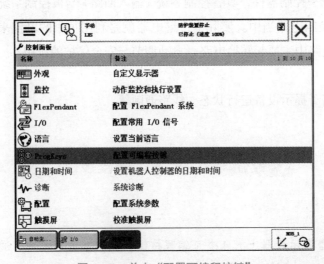

图 4-62 单击"配置可编程按键"

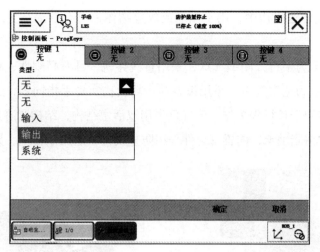

图 4-63 类型选择

步骤3 在"数字输出"中选择"do1",然后在"按下按键"中选择"切换",如图 4-64 所示。

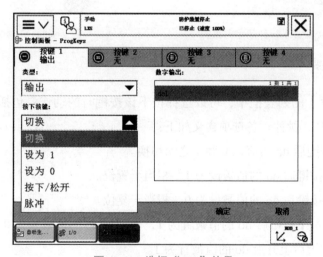

图 4-64 选择"do1"信号

步骤4 单击"确定"按钮,完成可编程按键配置。现在可以通过"按键 1"直接切换到"do1"状态。若工业机器人的数字输出 do1 控制着法兰盘上的气爪,则按下"按键 1",观察气爪是否夹紧(或松开),再次按下"按键 1"观察气爪变化。

知识链接

一、认识工业机器人的气爪

气爪是工业机器人系统中最重要的终端执行元件之一。气爪可以看作一种特殊形态的气缸,以压缩空气为动力,可以抓取物体,实现机械手的各种动作。在自动化系统中,气爪常应用在搬运或传送机构中，用于抓取或放置物体，可有效提高生产效率，确保人身安全。

如图4-65所示为平行开闭型气爪，采用直线导轨，具有高刚性、高精度，防尘的特点。如图4-66所示为宽型气爪，采用齿条和齿轮机构实现手指同步，适合夹持尺寸差别大的大型工件，多用于长行程工作。该气爪采用双活塞结构，结构紧凑且夹持力大，主体轴孔两侧采用含油树脂轴承，内置密封件采用防尘设计，适用于粉尘、异物多的环境。

图4-65　MHZ2平行开闭型气爪

图4-66　MHL2宽型气爪

二、按键动作说明

在【按键按下】的列表框中，可以选择按下该按键时的动作，包括：切换、设为1、设为0、按下/松开、脉冲。各选项含义如下：

切换：按下按键后do的值在0和1之间切换。

设为1：按下按键后do的值被设为1，相当于置位。

设为0：按下按键后do的值被设为0，相当于复位。

按下/松开：按下按键后do的值被置为1，松开后do的值被置为0。

脉冲：按下按键后上升沿do的值被置为1。

示教器的左下角有一个"是否允许在自动模式下运行"选项，一般选择【否】。

技能检测

一、选择题

1. ABB标准I/O信号板是挂在DeviceNet网络上的，其模块在网络中的地址可用范围为（　　）。

　　A. 0 ~ 7　　　　　　　B. 0 ~ 15　　　　　　　C. 10 ~ 32　　　　　　　D. 10 ~ 63

2. DSQC 652标准I/O信号板提供（　　）个数字输入信号，地址范围是0 ~ 15。

　　A. 4　　　　　　　　B. 8　　　　　　　　C. 12　　　　　　　　D. 16

3. do 表示（　　）信号。

A. 数字输入　　　　　B. 数字输出　　　　　C. 组输入　　　　　D. 组输出

4. 标准 I/O 信号板总线端子上，剪断第 7、10、11 针脚产生的地址为（　　）。

A. 10　　　　　　　　B. 24　　　　　　　　C. 25　　　　　　　　D. 48

5. ABB 工业机器人标配的工业总线为（　　）。

A.Profibus DP　　　　B. CC-Link　　　　　C. DeviceNet　　　　D. EtherNet IP

二、简答题

1. 简述常用的标准 I/O 信号板 DSQC 651 与 DSQC 652 的区别。

2. 如何定义 DSQC 652 标准 I/O 信号板的总线连接？

3. 如何测试实际输入 / 输出信号接线是否正确？

4. 简述建立系统输入信号与系统输出信号关联的作用。

5. 如何配置 ABB 工业机器人示教器的可编程按键？

三、实操题

1. 以 ABB 标准 I/O 信号板 DSQC 652 为模块，设置模块单元为 board10，地址为 10，创建组输入信号 gi1，信号所占地址为 1 ～ 4。

2. 按要求设置 ABB 工业机器人标准 I/O 信号板，并配置输入 / 输出信号：

（1）设置 DSQC 652 标准 I/O 信号板，地址为 10。

（2）按照表 4-18 所示进行输入 / 输出信号设定。

表 4-18　输入 / 输出信号设定

序号	信号名称	信号类型	信号地址
1	di1	数字输入	1
2	di2	数字输入	2
3	do1	数字输出	9
4	do2	数字输出	10

（3）按照表 4-19 所示对系统输入和系统输出信号进行关联。

表 4-19　系统输入 / 输出信号关联

系统信号	信号功能	信号类型	关联信号
Motor On	电机上电	系统输入	di1
Start Main	主程序执行	系统输入	di2
Auto On	自动状态	系统输出	do1
Emergency Stop	紧急停止	系统输出	do2

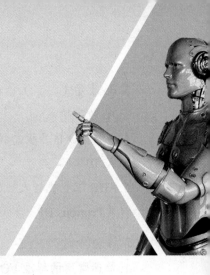

単元五

ABB 工业机器人基本指令与编程控制

单元导读

通过本单元的学习，读者可以了解程序数据的定义，熟悉 3 种程序数据存储类型（变量、可变量、常量）的使用，掌握在例行程序中对变量型程序数据进行赋值或者加减操作的方法。

对于变量数据，当例行程序停止时，变量数据会保持最后被赋予的数值的状态；当程序指针被移到主程序后，例行程序中被赋予的数值就会丢失而保持初始值状态。然而，可变量数据的特点是无论程序指针的位置如何改变，都会保持最后被赋予的数值的状态，直到下一次对此程序数据进行数值定义。常量的特点是创建时已经定义了初始值，在例行程序中不能进行赋值或者加减操作，除非手动修改。

RAPID 语言提供了丰富的指令来实现 ABB 工业机器人各种简单或复杂的应用。本单元通过常用的指令来讲解 RAPID 语言编程，充分体现 RAPID 指令的便捷性。

重点难点

♦ RAPID 程序的组成及架构。

♦ RAPID 编程常用指令。

能力要求

♦ 会创建布尔型数据、数值型数据、位置型数据。

♦ 会使用示教器创建程序模块与例行程序。

♦ 能通过示教器进行 RAPID 程序编写。

♦ 能编写机器人码垛控制程序。

思政目标

♦ 在理论学习和实际操作的过程中，注重培养自己的质量意识、环保意识、安全意识。

任务 1　程序数据的认识与创建

任务描述

　　程序内声明的数据称为程序数据。数据是信息的载体，它能够被计算机识别、存储和加工处理。数据可以是数值数据，也可以是非数值数据。数值数据包括整数、实数或复数，主要用于编程计算；非数值数据包括字符、文字、图形等。

　　程序数据的创建一般可以分为两种形式：一种是直接在示教器中的程序数据界面中创建；另一种是在建立程序指令时，系统自动生成对应的程序数据。

任务目标

　　1. 了解程序数据的分类以及存储类型。

　　2. 掌握创建布尔型数据（bool）、数值型数据（num）、位置型数据（robtarget）的方法。

　　3. 熟悉工具数据（tooldata）、工件坐标（wobjdata）、有效载荷（loaddata）等程序数据的含义。

任务实施

一、程序数据的含义

　　程序数据是指在程序模块或系统模块中设定的值和定义的一些环境数据。创建的程序数据由同一个模块或其他模块中的指令引用。例如，工业机器人的线性运动指令（MoveL）中便调用了 4 个程序数据，如图 5-1 所示，程序数据见表 5-1。

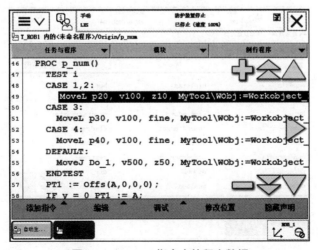

图 5-1　MoveL 指令中的程序数据

工业机器人基础与实用教程

表 5-1　程序数据说明

程序数据	数据类型	说明
p20	robtarget	工业机器人运动目标位置数据
v100	speeddata	工业机器人运动速度数据
z10	zonedata	工业机器人运动转弯数据
MyTool	tooldata	工业机器人工具数据

二、程序数据的分类

ABB 机器人的程序数据共有 102 个，并且可以根据实际情况创建程序数据。在示教器的"程序数据"界面可以查看和创建程序数据。单击 ABB 菜单中的"程序数据"，如图 5-2 所示。打开的"程序数据"界面显示了全部程序数据类型，如图 5-3 所示，可以根据需要从列表中选择一个数据类型。

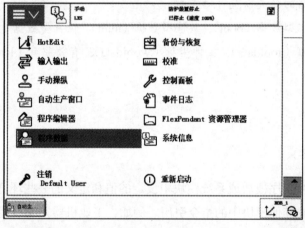

图 5-2　单击"程序数据"

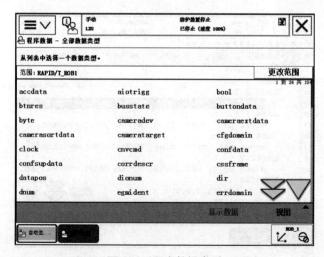

图 5-3　程序数据类型

三、程序数据的存储类型

在全部程序数据类型中，有一些是常用的程序数据，下面对这些常用的数据类型进行详细说明，为程序编辑打好基础。

1. 变量 VAR

VAR 表示存储类型为变量。变量型数据在程序执行的过程中和停止时会保持当前的值，但如果程序指针被移到主程序，数据的数值将会丢失，这就是变量型数据的特点。

变量数据的定义

举例如下：

VAR num height：=0；表示名称为 height 的数值型数据初始值为"0"。

VAR bool Red：=TRUE；表示名称为 Red 的布尔型数据初始值为"TRUE"。

VAR string name：="China"；表示名称为 name 的字符型数据初始值为"China"。

说明：VAR 表示存储类型（变量），num 表示程序数据类型（数值型），注意两者容易混淆。上述语句定义了数值型数据、布尔量数据和字符型数据。

（1）数值型数据是表示数量、可以进行数字运算的数据类型。数值型数据由数字、小数点、正负号组成。

（2）布尔型数据只有两种值，即真与假。在 Pascal 语言中，布尔量"真"用"True"表示，"假"用"False"表示，所以布尔型数据只有"True"和"False"两个值。编程中将某个变量设为布尔型，那么这个变量就是布尔变量。

（3）字符型数据是指不具有计算能力的文字数据类型，可以是包含任意字符的字符串，如果不对容量大小进行说明，其缺省值长度为 80 个字符。

如果进行了数据的声明，在程序编辑窗口中将会显示出来，如图 5-4 所示。

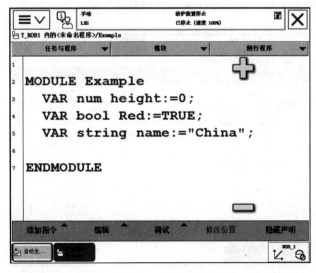

图 5-4　定义变量

在定义数据时，可以定义变量数据的初始值。如上例中 height 的初始值为 0，Red 的初始值是 TRUE，name 的初始值是 China。在 RAPID 程序中也可以对变量存储类型的程序数据进行赋值，如图 5-5 所示。但是，在 RAPID 程序中执行已赋值的变量型程序数据，指针复位后系统会将其恢复为初始值。

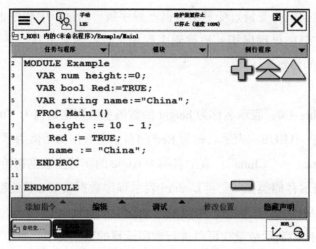

图 5-5　变量程序数据赋值操作

2. 可变量 PERS

PERS 表示存储类型为可变量。可变量的最大特点就是无论程序怎样执行，都将保持最后被赋予的值，这也是它与变量的最大区别。举例说明如下：

PERS num nCount：=1；表示名称为 nCount 的数值型数据初始值为"1"。

PERS string text：="Hello"；表示名称为 text 的字符型数据初始值为"Hello"。

可变量数据定义

在示教器中进行定义后，会在程序编辑窗口显示，如图 5-6 所示。

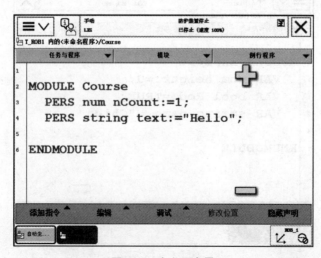

图 5-6　定义可变量

在 RAPID 程序中也可对可变量存储类型程序数据进行赋值操作，如图 5-7 所示。对名称为 nCount 的数字型数据赋值为 6，对名称为 text 的字符型数据赋值为"Good moring"。但是在程序执行以后，赋值结果会一直保持，与程序指针的位置无关，直到对数据重新赋值，才会改变原来的值。

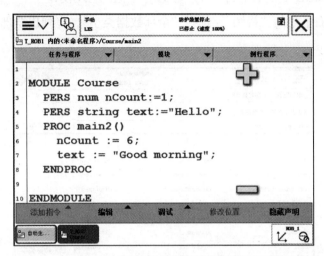

图 5-7 可变量程序数据赋值操作

3. 常量 CONST

CONST 表示存储类型为常量。常量的特点是定义的时候就已经被赋予了数值，并不能在程序中进行修改，除非重新定义，否则数值一直不变。举例如下：

CONST num depth：=20；表示名称为 depth 的数值型数据被赋予常量"20"。

CONST string Logo：="ABB"；表示名称为 Logo 的字符型数据被赋予常量"ABB"。

常量数据的定义

在程序中定义了常量后，程序编辑界面如图 5-8 所示。但是存储类型为常量的程序数据，不允许在程序中进行赋值操作。

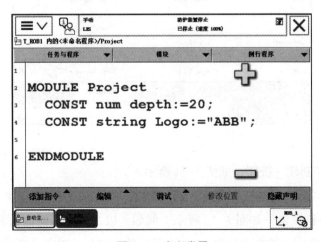

图 5-8 定义常量

四、程序数据的创建

1. 创建布尔型程序数据

创建布尔型数据的具体步骤如下：

步骤 1 单击 ABB 主菜单中的"程序数据"，如图 5-2 所示。

步骤 2 单击右下角的"视图"，选择"全部数据类型"，将列出全部的程序数据类型，如图 5-9 所示。

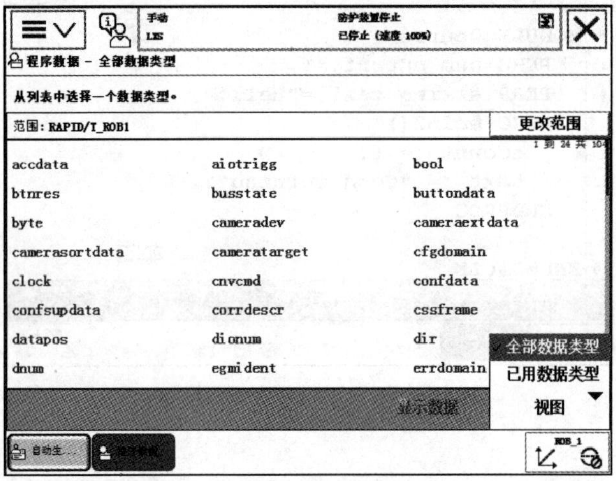

图 5-9 选择"全部数据类型"

步骤 3 从列表中选择"bool"，单击界面右下方的"显示数据"按钮，如图 5-10 所示。

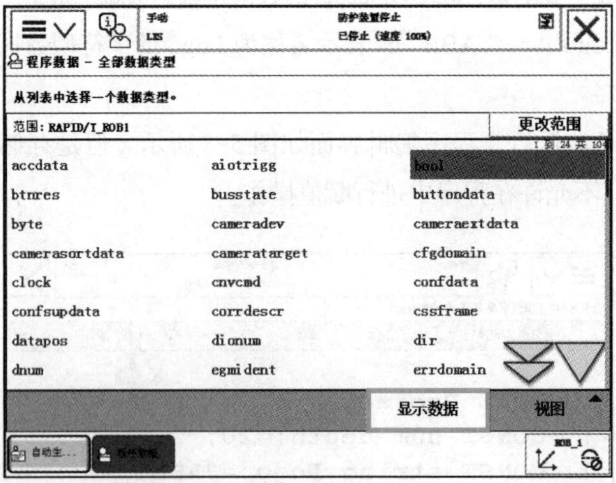

图 5-10 选择"bool"数据

步骤 4 单击"新建"按钮，如图 5-11 所示。

步骤 5 进入"新数据声明"界面，可对数据名称、范围、存储类型、任务、模块、例行程序和维数进行设定，如图 5-12 所示。例如，以"Red"为数据名称，可单击其后面的"…"按钮，出现软键盘，如图 5-13 所示，输入名称，单击"确定"按钮。

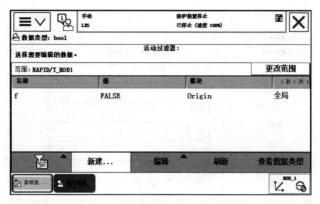

图 5-11 单击"新建"按钮

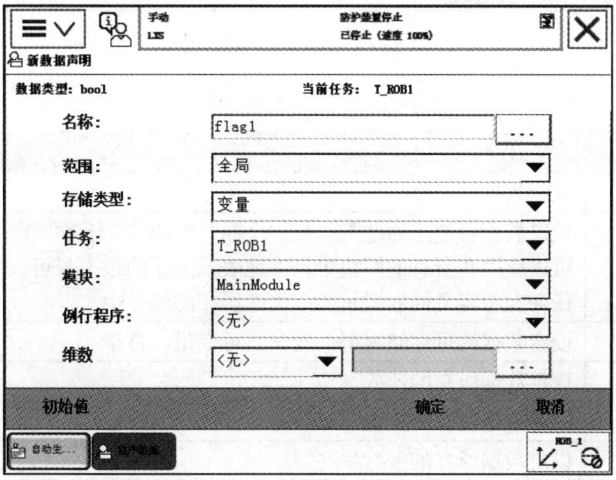

图 5-12 新数据声明界面

图 5-13 修改数据名称

步骤 6 设定范围为"全局",存储类型为"变量",模块定义在已建好的模块 "Example"中,其他不用更改,如图 5-14 所示。数据参数设定说明见表 5-2。

图 5-14　数据选项定义

表 5-2　数据参数设定说明

数据参数	说　明
名称	设定数据的名称
范围	设定数据可使用的范围，分"全局""本地""任务"3个选择，全局表示数据可以应用在所有的模块中；本地表示定义的数据只可以应用于所在的模块中；任务表示定义的数据只能应用于所在的任务中
存储类型	设定数据的可存储类型：变量、可变量、常量
任务	设定数据所在的任务
模块	设定数据所在的模块
例行程序	设定数据所在的例行程序
维数	设定数据的维数，数据的维数一般是指数据不相干的几种特性
初始值	设定数据的初始值，数据类型不同初始值不同，根据需要选择合适的初始值

步骤 7　单击界面左下方的"初始值"，将布尔型数据的初始值设定为"TRUE"，然后单击"确定"按钮，如图 5-15 所示。

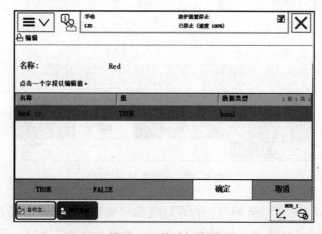

图 5-15　修改初始值

步骤 8 单击"确定"按钮，完成布尔型数据的创建，如图 5-16 所示。

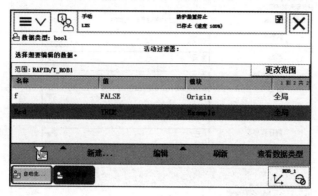

图 5-16 创建布尔型数据

2. 创建数值型程序数据

创建数值型程序和创建布尔型数据的方法和步骤类似，具体如下：

步骤 1 单击 ABB 主菜单中的"程序数据"，如图 5-2 所示。

步骤 2 在全部程序数据类型中，选择"num"，单击"显示数据"按
钮，如图 5-17 所示。

新建 num 程序
数据

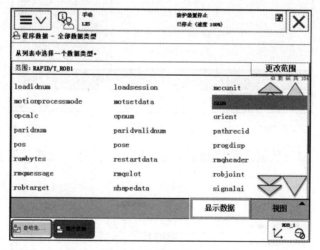

图 5-17 选择"num"

步骤 3 单击"新建"按钮，进入数值型数据参数设定界面。

步骤 4 与创建布尔型程序数据相同，同样要对名称、范围、存储类型、模块等进行
设定。例如，以"height"为数据名称，范围为"全局"，存储类型为"变量"，模块定义
在已建好的模块"Example"中，其他不用更改，如图 5-18 所示。

步骤 5 单击界面左下方的"初始值"按钮，出现如图 5-19 所示的初始值编辑界面，
根据程序需要通过小键盘输入初始值，例如输入"10"，然后单击"确定"按钮，初始值
设定完成。

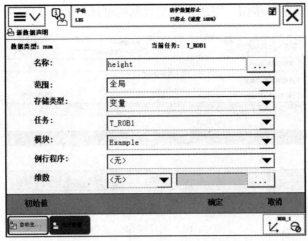

图 5-18　数值型数据参数设定界面

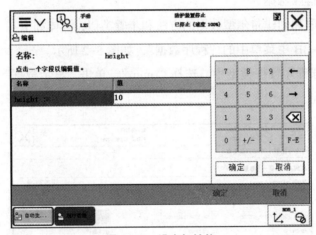

图 5-19　设定初始值

步骤 6　在数值型新数据声明界面上单击"确定"按钮，完成数值型数据的创建，如图 5-20 所示。

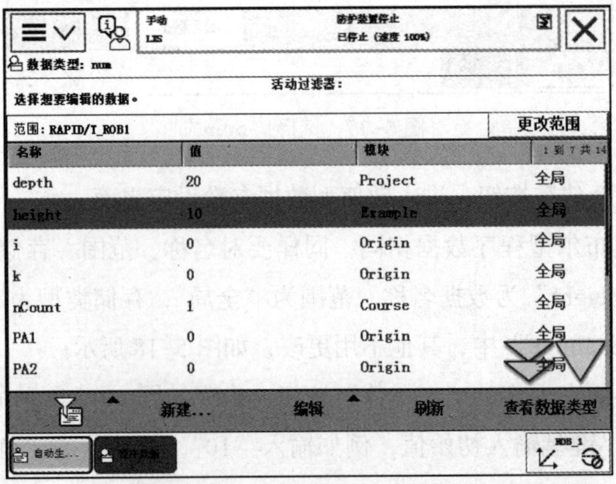

图 5-20　完成数值型数据的创建

步骤 7 对于已完成设定的数据，可以通过"编辑"菜单进行数据编辑，如图 5-21 所示，如更改声明或者更改值，更改声明是对数据名称、范围、存储类型等进行更改；更改值是对初始值进行更改。

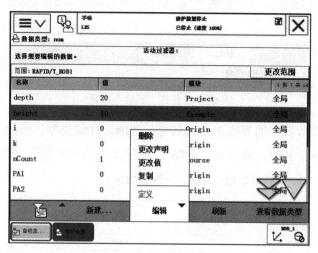

图 5-21 数据编辑

3. 创建位置数据

创建位置数据有两种途径：一种是在程序数据中的位置数据中创建，位置数据中保存了程序中所有示教过的位置信息；另一种是在编写程序时创建点位数据。这里以第一种方法来讲解，具体操作步骤如下：

步骤 1 单击 ABB 主菜单中的"程序数据"，如图 5-2 所示。

步骤 2 在全部程序数据类型中，选择"robtarget"，如图 5-22 所示。

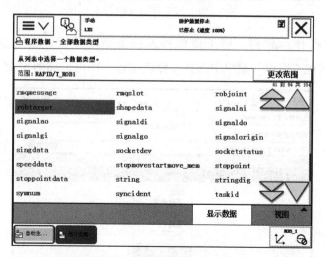

图 5-22 选择 "robtarget"

步骤 3 单击界面右下方的"显示数据"按钮，弹出如图 5-23 所示的界面，单击"新建"按钮，进入位置数据参数设定界面。

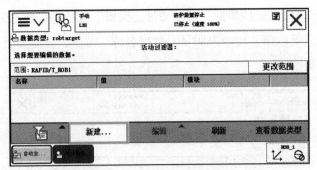

图 5-23　单击"新建"按钮

步骤 4　在位置数据声明界面中，对名称、范围、存储类型、模块等进行设定。现以"Point1"为位置数据名称，范围为"全局"，存储类型为"常量"，模块定义在系统模块"MainModule"中，其他不用更改，如图 5-24 所示。

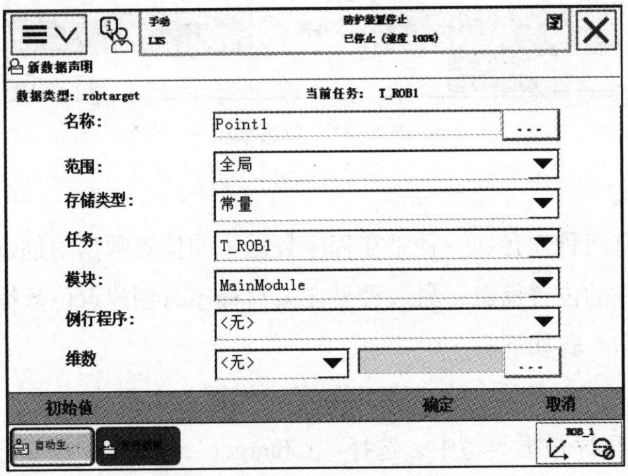

图 5-24　位置数据声明界面

步骤 5　通过操作示教器，将工业机器人移至指定位置，选中需要示教的点（以Point1 为例），然后在"编辑"菜单中选择"修改位置"即可，如图 5-25 所示。

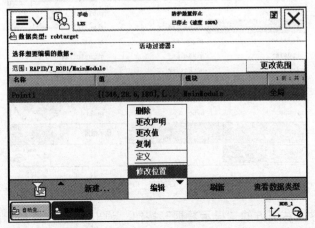

图 5-25　修改点位

五、常用的程序数据及说明

在程序编辑的过程中，结合不同的要求，需定义不同的程序数据。表 5-3 所示为 ABB 工业机器人系统常用的程序数据。

表 5-3　常用程序说明

程序数据	说　明
bool	布尔量
byte	整数数据 0 ~ 255
clock	计时数据
dionum	数字输入 / 输出信号
extjoint	外轴位置数据
intnum	中断标志符
jointtarget	关节位置数据
loaddata	负载数据
num	数值数据
orient	姿态数据
pos	位置数据
pose	坐标转换
robjoint	工业机器人轴角度数据
robtarget	工业机器人与外轴的位置数据
speeddata	工业机器人与外轴的速度数据
string	字符数据
tooldata	工具数据
trapdata	中断数据
wobjdata	工件数据
zonedata	TCP 转弯半径数据

知识链接

3 个重要的程序数据

在正式编写程序之前，必须搭建好必要的编程环境，其中，3 个重要的程序数据（工具数据、工件坐标、有效载荷）要在编程前定义完成，以便满足编程的需要。下面介绍这 3 个重要的程序数据。

1. 工具数据（tooldata）

工具数据 tooldata 用于描述安装在机器人第 6 轴法兰盘上的工具的 TCP、质量、重心等参数数据。根据工作需求，工业机器人会安装不同的工具，例如，搬运机器人使用吸盘或者夹具作为工具，而焊接机器人使用焊枪作为工具。

所有机器人在手腕处都有一个预定义工具坐标系，该坐标系称为tool0。默认工具的工具中心点（TCP）位于机器人第6轴法兰盘的中心，如图5-26所示，图中箭头所指的位置就是原始TCP点。该工具坐标系并不适合应用形式多样的工具，需要新建工具坐标数据，将新工具坐标系定义为tool0的偏移值，工业机器人的端点便移动到工具端点。

图 5-26 默认工具的 TCP 点

2. 工件坐标（wobjdata）

工件坐标对应工件，它定义工件相对于大地坐标系或其他坐标系的位置，工业机器人可有若干个工件坐标系，表示不同的工件或者同一工件在空间中不同的位置。对工业机器人编程就是在工件坐标系中创建目标和路径，这给编程带来很多方面：（1）重新定位工作站中的工件时，只需更改工件坐标系的位置，之前所有的路径即刻随之更新；（2）允许操作以外轴或输送链移动的工件，因为整个工件可以连同其路径一起移动。

不准确的工件坐标将使机器人在工件对象上的 X、Y 方向上的移动变得很困难，如图5-27所示。

准确的工件坐标将使机器人在工件对象上的 X、Y 方向上的移动变得很轻松，如图5-28所示。

图 5-27 不准确的工件坐标

图 5-28 准确的工件坐标

在对象的平面上只需要定义 3 个点就可以建立一个工件坐标系。如图5-29所示，X1确定工件坐标系的原点，X1、X2确定工件坐标系的 X 轴正方向，Y1确定工件坐标系 Y

轴的正方向。说明：X轴与Y轴的交点才是工件坐标系的原点。

3. 有效载荷（loaddata）

对于搬运机器人，应该正确设置夹具的重量、重心数据以及搬运对象的质量和重心数据，否则将会缩短机器人的寿命，如图 5-30 所示。

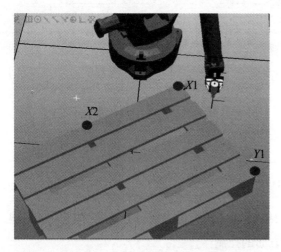

图 5-29　工件坐标的设定方法

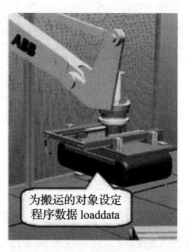

为搬运的对象设定
程序数据 loaddata

图 5-30　有效载荷

▶ 任务 2　认识 RAPID 程序

任务描述

RAPID 程序中包含了一连串工业机器人控制指令，本任务将讲解 RAPID 程序的定义，以及创建程序模块的步骤和方法。

任务目标

1. 了解 RAPID 程序的组成及架构。
2. 掌握使用示教器创建程序模块与例行程序的步骤。

任务实施

一、了解 RAPID 程序

ABB 工业机器人采用 RAPID 程序，RAPID 是一种英文编程语言，所包含的指令既可移动机器人、设置输出、读取输入，又能实现决策、重复其他指令、构造程序、与系统操作员交流。RAPID 程序的基本架构如图 5-31 所示。

图 5-31　RAPID 程序的基本架构

（1）RAPID 程序由程序模块与系统模块组成。一般来说，通过新建程序模块来构建工业机器人的程序，而系统模块多用于系统方面的控制

（2）可以根据不同的用途创建多个程序模块，如专门用于主控制的程序模块，用于位置计算的程序模块，用于存放数据的程序模块，这样便于归类管理不同用途的例行程序与数据。

（3）每一个程序模块包含了程序数据、例行程序、中断程序和功能 4 种对象，但是这4 种对象不一定都出现在一个模块中。程序模块之间的数据、例行程序、中断程序和功能是可以互相调用的。

（4）在 RAPID 程序中，只有一个主程序 main，可存在于任意一个程序模块中，作为整个 RAPID 程序执行的起点。

二、新建程序模块与例行程序

模块是 RAPID 程序的重要组成部分，包括系统模块和程序模块。系统模块用于控制系统，程序模块主要用于实现工业机器人的某项具体功能。为便于管理与调用，通常根据应用的复杂性来确定模块的数量。例如，可以将程序数据、逻辑控制、位置信息等分配到不同的程序模块中。在了解了 RAPID 程序组成的基础上，我们可以通过示教器实践来学习如何创建程序模块和例行程序，具体操作步骤如下：

步骤 1　单击 ABB 主菜单中的"程序编辑器"，如图 5-32 所示。

步骤 2　在弹出的对话框中单击"取消"按钮，进入程序模块列表界面，如图 5-33所示。

步骤 3　在"文件"菜单中选择"新建模块"，如图 5-34 所示。

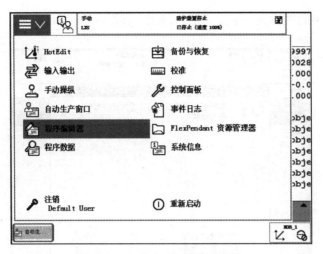

图 5-32 单击"程序编辑器"

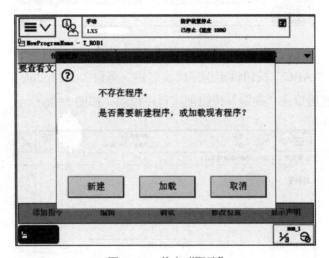

图 5-33 单击"取消"

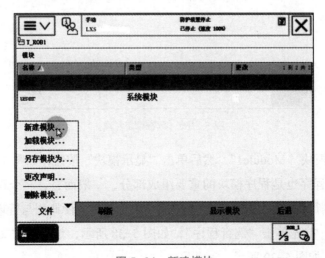

图 5-34 新建模块

步骤4 在弹出的对话框中单击"是"按钮，如图 5-35 所示。

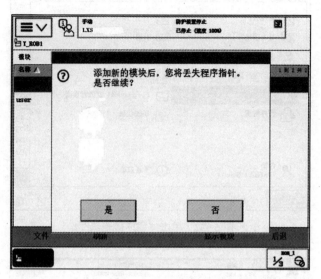

图 5-35 确认添加新模块

步骤5 单击"ABC"按钮设定程序模块名称，可设为"Module1"，默认选择程序类型"Program"，然后单击"确定"按钮创建程序模块，如图 5-36 所示。

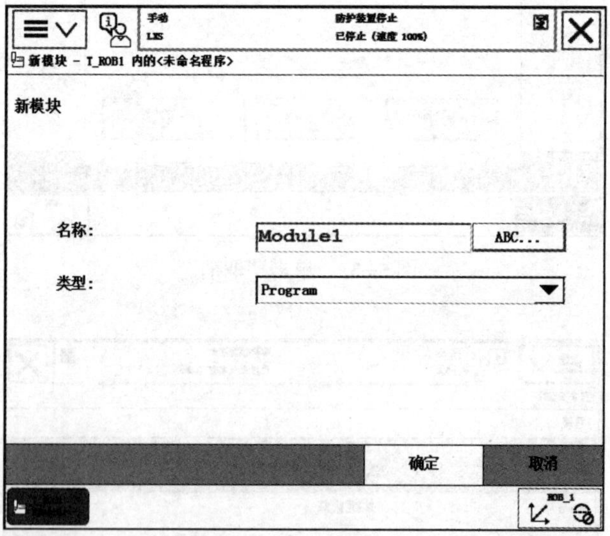

图 5-36 修改模块名称

步骤6 选中模块"Module1"，然后单击"显示模块"按钮，如图 5-37 所示。

步骤7 例行程序也是程序模块的重要组成部分，一般而言，一个程序模块包含多个例行程序，每个例行程序可完成程序模块中的一项功能，方便调用与管理。下面介绍创建例行程序的步骤：首先单击"例行程序"，如图 5-38 所示，然后在"文件"菜单中选择"新建例行程序"，如图 5-39 所示。

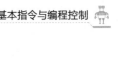

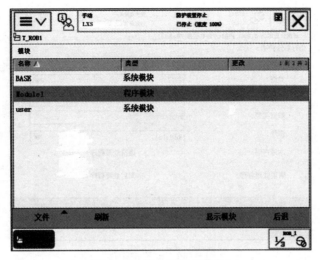

图 5-37　单击"显示模块"

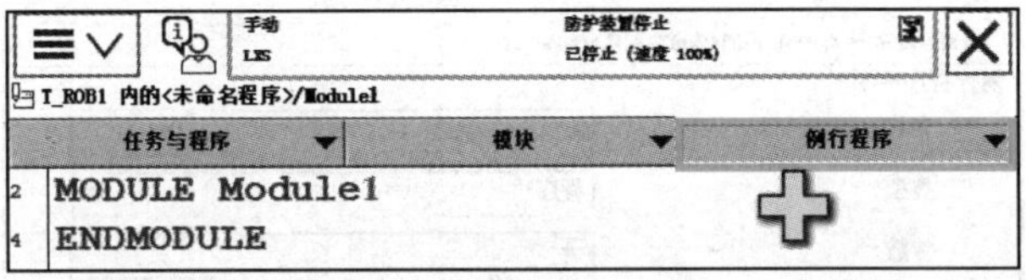

图 5-38　单击"例行程序"

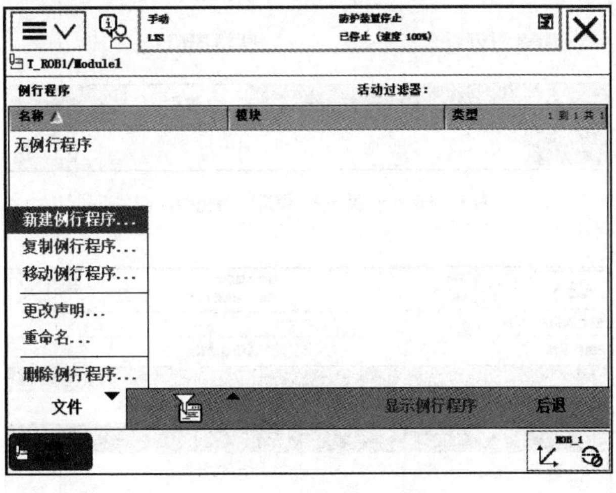

图 5-39　新建例行程序

步骤 8　首先新建一个主程序，将名称设为"main"，模块选择"Module1"，然后单击"确定"按钮创建主程序，如图 5-40 所示。除主程序 main 外，例行程序之间可相互调用，main 程序可调用其他例行程序。

步骤 9　在"文件"菜单中选择"新建例行程序"，再建一个名为"Routine1"的例行程序，然后单击"确定"按钮，如图 5-41 所示。创建结果如图 5-42 所示。

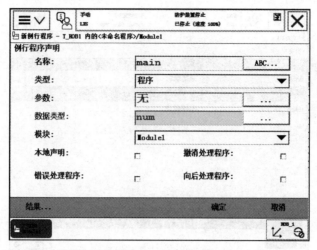

图 5-40 创建主程序

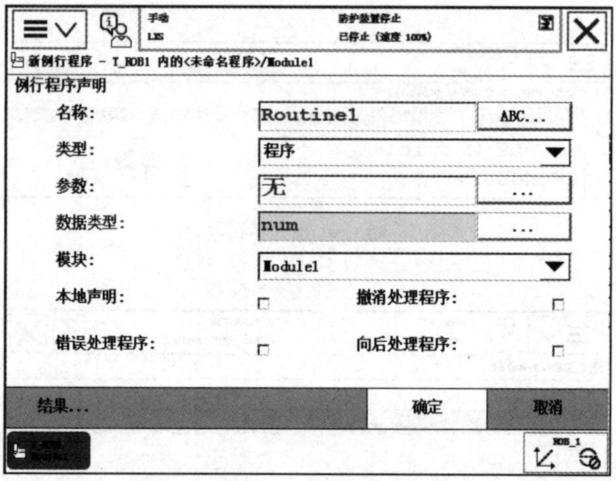

图 5-41 创建例行程序 "Routine1"

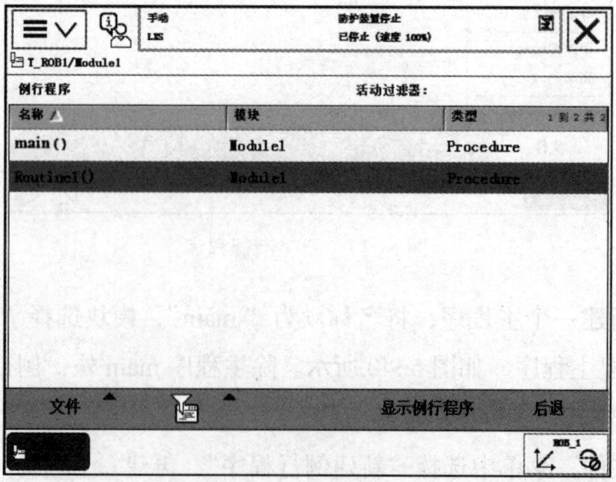

图 5-42 显示例行程序

知识链接

一、模块的管理

通过"模块"界面的"文件"菜单，可对程序模块进行管理，如图 5-43 所示。

- 加载模块：加载已有的需要使用的模块。
- 另存为模块：用户可将具有某一功能的程序模块保存到工业机器人硬盘，以备后续调用。
- 更改声明：可在此修改模块的名称和类型。
- 删除模块：将模块从工业机器人运行内存删除，但不影响已在硬盘中保存的模块。

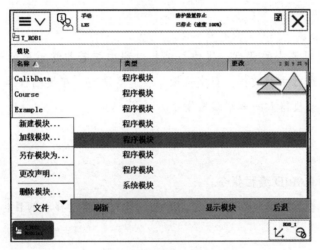

图 5-43　模块管理

二、例行程序的管理

通过"例行程序"界面的"文件"菜单，可对例行程序进行管理，如图 5-44 所示。

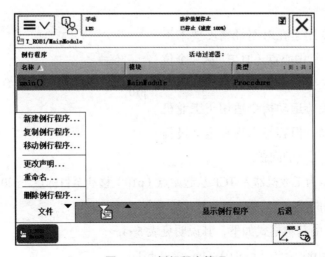

图 5-44　例行程序管理

- **复制例行程序**：复制一份相同的例行程序至同一模块或其他模块。
- **移动例行程序**：将例行程序从一个模块移至另一个模块。
- **更改声明**：可修改例行程序所属的模块和类型。
- **重命名**：可修改例行程序的名称。
- **删除例行程序**：可将不需要的例行程序删除。

▶ 任务 3　ABB 工业机器人常用编程指令

任务描述

示教器在工业机器人的调试、操作与编程过程中起着非常重要的作用，通过示教器可以对工业机器人进行手动操作、重定位操作、速度调整、在线编程等，而要实现这些操作，就需要掌握工业机器人的常用编程指令。

任务目标

1. 掌握常用的 RAPID 编程指令。
2. 掌握使用示教器编辑 RAPID 程序的方法，能对机器人移动的目标点进行示教。

任务实施

一、工业机器人运动指令

工业机器人在空间中的运动主要有 4 种方式：关节运动（MoveJ）、线性运动（MoveL）、圆弧运动（MoveC）和绝对位置运动（MoveAbsJ）。

1. 关节运动指令

关节运动指令用于在对路径精度要求不高的情况下，将工具中心点（TCP）从一个位置移动到另一个位置，两个位置之间的路径不一定是直线。关节运动指令适用于工业机器人的大范围运动，但容易出现在运动过程中关节轴进入机械死点的问题。

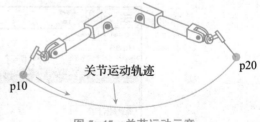

图 5-45　关节运动示意

如图 5-45 所示为工业机器人 TCP 从起始点（p10）移动至目标点（p20），其运动轨迹为一条曲线。

关节运动指令的基本格式如下，其说明见表 5-4。

MoveJ p20，v100，z50，tool1\WObj：=wobj1；

关节运动
指令 MoveJ

其含义为：工业机器人 TCP 从当前位置 p10 运动至目标点 p20 处，速度为 100mm/s，转弯区数据是 10mm，即距离 p20 还有 50mm 的时候开始转弯，使用的工具坐标数据为 tool1、工件坐标数据为 wobj1。

表 5-4　"MoveJ"指令解析

参数	含义说明
MoveJ	关节运动指令
p10	目标点位置数据
v100	运动速度数据：在指令中直接指定 TCP 的运动速度，单位为 mm/s，在手动限速状态下，所有运动速度被限速在 250mm/s
z50	转弯区数据：定义转弯区（转弯半径）的大小（单位为 mm），转弯区数据为 fine，是指机器人 TCP 达到目标点，在目标点速度降为零。机器人动作有所停顿后再向下一点运动，如果是一段路径的最后一个点，一定要设置为 fine
tool1	定义当前指令使用的工具坐标数据
WObj：=wobj1	定义当前指令使用的工件坐标数据

2. 线性运动指令

线性运动指令用于使工业机器人的 TCP 沿直线运动至给定的目标点，如图 5-46 所示。在线性运动过程中，机器人的运动状态可控，运动路径具有唯一性，可能出现关节轴进入机械死点的问题。工业生产中，线性运动指令主要应用在激光切割、涂胶、弧焊等路径精度要求高的场合。

P10　　　　　　　　　　　　　　　　　　　　　　　　　　　P20
起始点　　　　　　　　　　　　　　　　　　　　　　　　　目标点

线性运动轨迹

图 5-46　线性运动示意

线性运动指令的基本格式如下：

MoveL p20，v100，fine，tool1\WObj：=wobj1；

其含义为：工业机器人 TCP 从当前位置 p10 处以速度 100mm/s 直线运动至 p20 处，使用的工具坐标数据为 tool1、工件坐标数据为 wobj1，到达 p20 时速度减为零。

如图 5-47 所示，工业机器人从当前点运动到 p10 点的程序指令为：

MoveL p10，v100，z50，tool1\WObj：=wobj1；

工业机器人在接近 p10 点时形成半径 50mm 的转弯曲线。从当前点运动至 p20 点的程序指令为：

MoveL p20，v100，fine，tool1\WObj：=wobj1；

工业机器人精确到达 p20 点，且到达 p20 点时速度为零。

如图 5-48 所示的运行轨迹，机器人以 200mm/s 的速度线性运动至 p1 点，在接近 p1 点时形成半径 10mm 的转弯曲线，然后以 100mm/s 的速度线性运动至 p2 点，精确到达 p2 点时的速度为零，稍作停顿后以 500mm/s 的速度进行关节运动至 p3 点停止，此例行程序如图 5-49 所示。

线性运动指令
MoveL

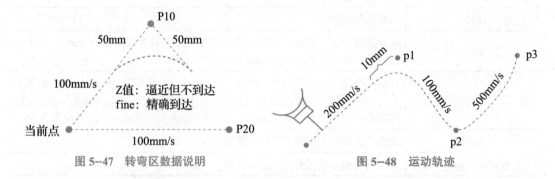

图 5-47 转弯区数据说明　　　　　图 5-48 运动轨迹

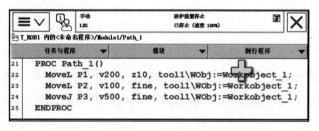

图 5-49 运动轨迹编程样例

3. 圆弧运动指令

圆弧运动指令用于将工业机器人的 TCP 沿圆弧形式运动至给定目标点，圆弧路径由起始点、中间点和目标点来确定。圆弧运动可理解为工业机器人在可到达的空间范围内定义 3 个位置点，第 1 个位置点代表圆弧的起点，第 2 个位置点代表圆弧的曲率，第 3 个位置点代表圆弧的终点。注意：不可能通过一个圆弧运动指令来完成一个圆周运动。例如：

圆弧运动指令
MoveC

MoveL p10，v100，fine，tool1\WObj：=wobj1；

MoveC p20，P30，v100，fine，tool1\WObj：=wobj1；

这两条指令的含义是：工业机器人 TCP 直线运动至 p10 点，并将其作为圆弧的起点，然后通过 p20 这一圆弧上的点，最终运动到圆弧的终点 p30，如图 5-50 所示。

4. 绝对位置运动指令

绝对位置运动指令用于把工业机器人或者外部轴移动到一个绝对位置。根据绝对位置运动指令，工业机器人以单轴运动的方式运动至目标点，绝

绝对位置运动指令
MoveAbsj

对不存在机械死点，但运动状态完全不可控，因此在实际生产中应避免使用该指令。该指令常用于将工业机器人的 6 个轴返回机械原点。

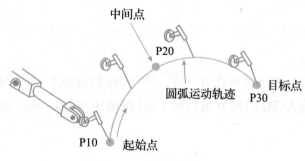

图 5-50　圆弧运动示意

绝对位置运动指令的基本格式如下：

MoveAbsJ *\NoEOffs，v1000，fine，tool1\WObj：=wobj1；

（1）* 代表目标点位置数据。

（2）NoEOffs 代表外轴不带偏移数据。

二、I/O 控制指令

I/O 控制指令用于控制 I/O 信号，以达到与工业机器人周边设备进行通信的目的，I/O 控制指令有如下 4 种：

1. 数字信号置位指令（Set）

数字信号置位指令用于将机器人 I/O 板的数字输出信号（Digital Output）置为 "1"，指令使用实例为：Set do1；

置位指令 Set 与复位指令 Reset

2. 数字信号复位指令（Reset）

数字信号复位指令用于将机器人 I/O 板的数字输出信号（Digital Output）置为 "0"，指令使用实例为：Reset do1；

注意：如果在 "Set" 或 "Reset" 指令前有运动指令 MoveJ、MoveL、MoveC、MoveAbsJ 的转弯区数据，必须使用 "fine" 才可以准确地输出 I/O 信号状态的变化。

3. 数字输入信号判断指令（WaitDI）

数字输入信号判断指令用于判断数字输入信号的值是否与目标一致，指令使用实例如下：

MoveJ p10，v100，fine，tool1\WObj：=wobj1；

WaitDI di1，1；

MoveL p20，v100，fine，tool1\WObj：=wobj1；

这 3 条指令的含义是：工业机器人 TCP 关节运动至 p10 点，等待 di1 信号，当接收到 di1 信号为 1 时，工业机器人 TCP 直线运动至 p20 点；如果达到最大等待时间 300s（这个时间可以根据实际进行设定）以后，di1 的值还不为 1，则机器人报警或进入出错处理程序。

4. 数字输出信号判断指令（WaitDO）

数字输出信号判断指令用于判断数字输出信号的值是否与目标一致，指令使用实例如下：

WaitDO do1，1；

指令的含义是：在程序执行此指令时，等待 do1 的值为 1，如果 do1 为 1，则程序继续执行；如果达到最大等待时间 300s 以后，do1 的值还不为 1，则工业机器人报警或进入出错处理程序。

三、赋值指令

赋值指令（:=）用于程序数据赋值操作，即分配一个数值，所赋值可以是一个常量或数学表达式。该指令常用于为布尔量、位置数据等程序数据进行赋值。赋值指令应用要点如下：

（1）赋值指令的作用是进行数学运算，如加减乘除等。

（2）赋值指令是将等号后面的结果赋值到等号前面，等号后面可以是某个单一数据类型的数据，也可以是一个表达式。

（3）绝大多数程序数据类型都可以使用赋值指令进行数学运算，但是赋值指令的等号后面的数据类型必须和等号前面的数据类型相同。

（4）赋值指令的等号前面必须为变量或者可变量，赋值指令的等号后面可以是常量、可变量、变量。

指令使用示例如下：

（1）布尔量赋值：

Flag1：=TRUE；

（2）常量赋值：

reg1：=5；

（3）数学表达式赋值：

reg2：= reg1+4；

（4）位置数据赋值：

pA：=pHome；

下面以添加一个常量赋值与数学表达式赋值为例说明添加指令的步骤。

步骤 1 任务 2 中已创建名为"Routine1"的例行程序，单击"显示例行程序"，在例行程序中单击"添加指令"菜单，打开指令列表，选择"：="，如图 5-51 所示。

赋值指令

步骤 2 单击"更改数据类型"按钮，选择"num"数字型数据，如图 5-52 所示。

步骤 3 在列表中选择"num"类型，然后单击"确定"按钮，如图 5-53 所示。

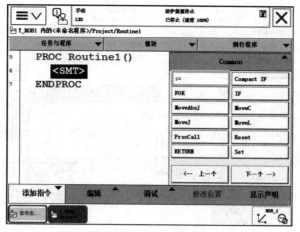

图 5-51 添加赋值指令

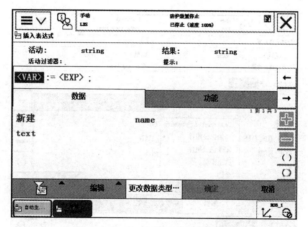

图 5-52 单击"更改数据类型"

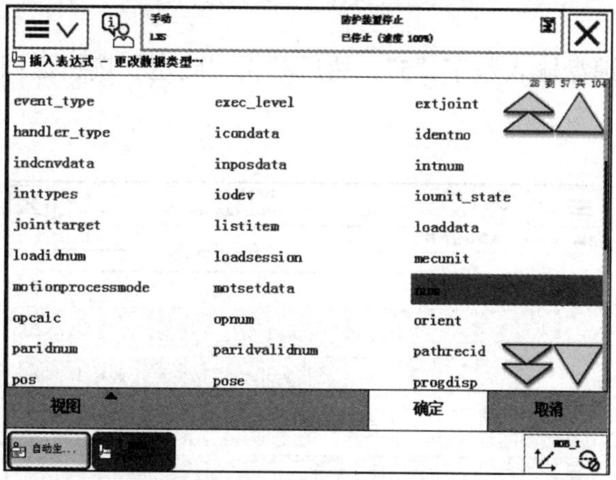

图 5-53 选择"num"

步骤 4 选择"reg1",如图 5-54 所示。

步骤 5 选择"<EXP>",高亮显示为蓝色,然后在"编辑"菜单中选择"仅限选定内容",如图 5-55 所示。

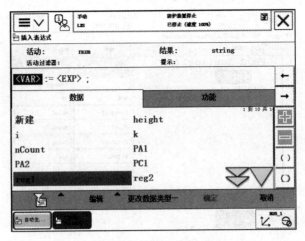

图 5-54　选择"reg1"

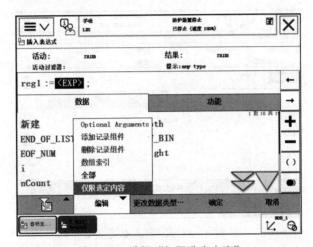

图 5-55　选择"仅限选定内容"

步骤 6　通过软键盘输入数字"5"，然后单击"确定"按钮返回赋值指令编辑界面，如图 5-56 所示。

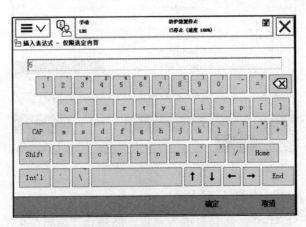

图 5-56　输入常量值"5"

步骤 7 单击"确定"按钮，在程序编辑界面能看到所添加的指令，如图 5-57 所示。

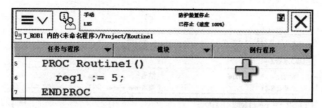

图 5-57 赋值指令添加完成

步骤 8 添加带数学表达式的赋值指令，同样，在指令列表中选择"：="，选择"reg2"，如图 5-58 所示。

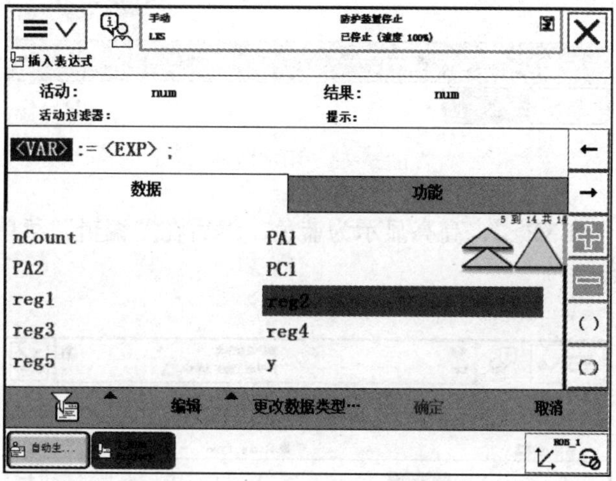

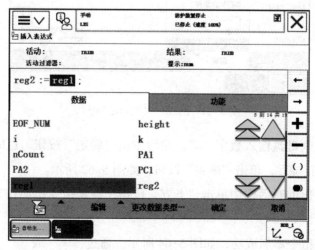

图 5-58 选择"reg2"

步骤 9 选择"<EXP>"，高亮显示为蓝色，然后选择"reg1"，如图 5-59 所示。

图 5-59 选择"reg1"

步骤 10 单击"+",编辑区的"reg1"右侧出现"+"和"<EXP>",如图 5-60 所示。

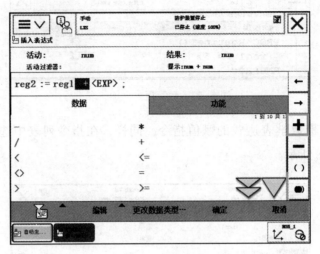

图 5-60　添加数据

步骤 11 选择"<EXP>",高亮显示为蓝色,然后在"编辑"菜单中选择"仅限选定内容",如图 5-61 所示。

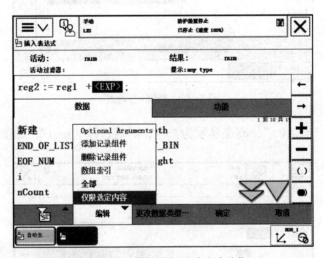

图 5-61　选择"仅限选定内容"

步骤 12 通过软键盘输入数字"4",然后单击"确定"按钮,返回赋值指令编辑界面,确认数据输入正确后,单击"确定"按钮,如图 5-62 所示。

步骤 13 在弹出的对话框中单击"下方"按钮,将新指令添加在当前选定指令的下方,如图 5-63 所示。

步骤 14 赋值指令添加成功,如图 5-64 所示。通过"+"或"一"按钮可放大或缩小显示窗口。

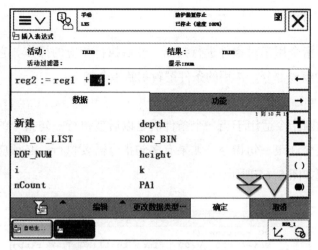

图 5-62 赋值表达式确认

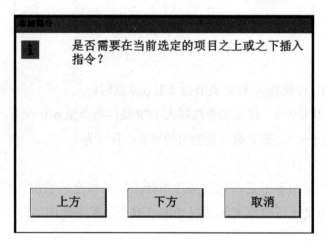

图 5-63 单击"下方"

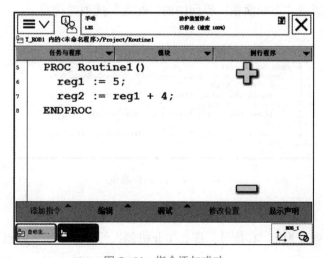

图 5-64 指令添加成功

四、条件逻辑判断指令

条件逻辑判断指令用于对条件进行判断，然后执行相应的操作。它是 RAPID 程序重要的组成部分。常用的条件逻辑判断指令如下：

1. 紧凑型条件判断指令（Compact IF）

紧凑型条件判断指令适用于当一个条件满足以后就执行一句指令的情况。判断条件后只允许跟一句指令，如果有多句指令需要执行，必须应用指令 IF。程序样例如图 5-65 所示。

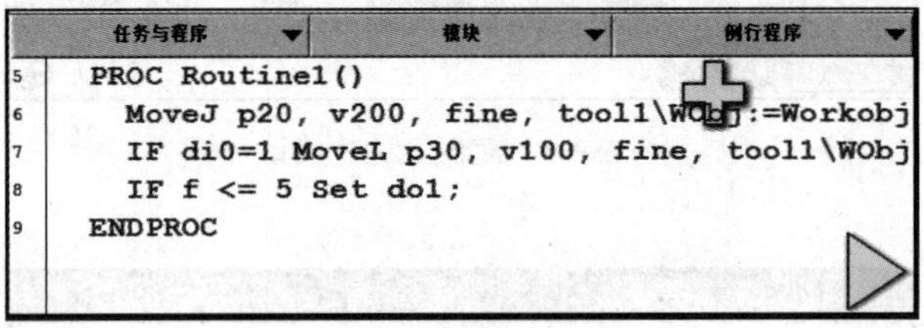

条件判断指令
Compact IF

图 5-65　Compact IF 程序样例

程序含义：当工业机器人 TCP 关节运动至 p20 点时：

（1）如果 di0 信号为 1，那么工业机器人 TCP 线性运动至 p30 点。

（2）如果变量 f ≤ 5，那么数字量输出信号 do1 置位为 1。

2. 条件判断指令（IF）

条件判断指令适用于根据不同的条件执行不同的指令的情况，用于条件判定的条件数量可以根据实际情况增加或减少。程序样例如图 5-66 所示。

条件判断指令 IF

提示：条件 ELSE 只能有一条，条件 ELSEIF 可以有多条。数字输入信号 di1 需要预先通过"控制面板"界面中的"配置"选项进行定义。

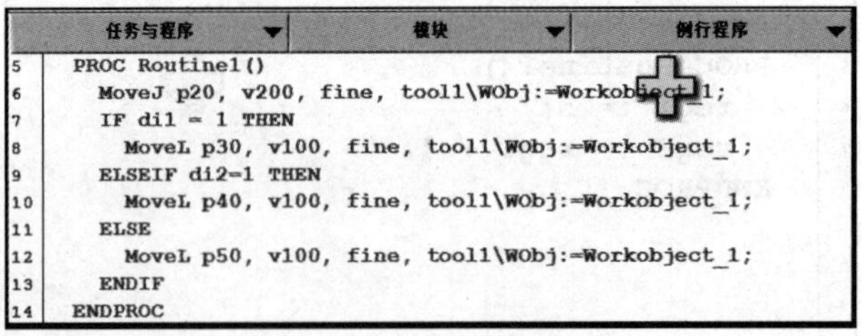

图 5-66　IF 程序样例

程序含义：当工业机器人 TCP 关节运动至 p20 点时：

（1）如果 di1 置位为 1，有信号，那么工业机器人线性运动至 p30 点。

（2）如果 di2 置位为 1，有信号，那么工业机器人线性运动至 p40 点。

（3）否则（di1、di2 都无信号），工业机器人线性运动至 p50 点。

3. 重复执行判断指令（FOR）

重复执行判断指令适用于一个或多个指令需要重复执行数次的情况。指令格式为：

FOR <ID> FROM <Start value> TO <End value> DO

<SMT>

ENDROR

重复循环指令
FOR

其中，ID 为循环计数标识；Start value 为标识初始值；End value 为标识最终值。

通常情况下，初始值、最终值为整数，循环判断标识使用 i、k、j 等小写字母，这是标准的工业机器人循环指令。常在通信口读写、数组数据赋值等数据处理时使用，程序样例如图 5-67 所示。

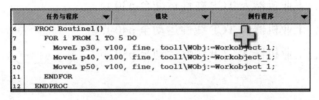

```
      任务与程序  ▼          模块        ▼         例行程序     ▼
6   PROC Routine1()
7     FOR i FROM 1 TO 5 DO
8       MoveL p30, v100, fine, tool1\WObj:=Workobject_1;
9       MoveL p40, v100, fine, tool1\WObj:=Workobject_1;
10      MoveL p50, v100, fine, tool1\WObj:=Workobject_1;
11    ENDFOR
12  ENDPROC
```

图 5-67　FOR 程序样例

程序说明：

（1）机器人循环运行：从 p30 点移动到 p40 点，再移动到 p50 点，此为 1 个循环。

（2）i 为变量，可以查看，不能修改赋值；1 TO 5 代表循环 5 次。

4. 条件判断指令（WHILE）

条件判断指令用于在满足给定条件的情况下，一直重复执行对应的指令。程序样例如图 5-68 所示。

条件判断指令
WHILE

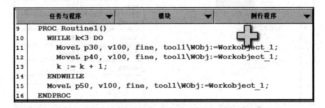

```
      任务与程序  ▼          模块        ▼         例行程序     ▼
9   PROC Routine1()
10    WHILE k<3 DO
11      MoveL p30, v100, fine, tool1\WObj:=Workobject_1;
12      MoveL p40, v100, fine, tool1\WObj:=Workobject_1;
13      k := k + 1;
14    ENDWHILE
15    MoveL p50, v100, fine, tool1\WObj:=Workobject_1;
16  ENDPROC
```

图 5-68　WHILE 程序样例

程序说明：程序中定义数字数据 k，该变量决定了 p30 点运动到 p40 点的执行次数，每执行完一次 p30 到 p40 点，k 就自动加 1，执行完 3 次后，机器人向 p50 点运动。

判断指令 TEST

5. 测试指令（TEST）

测试指令通过判断相应数据变量与其所对应的值，执行对应程序。程序样例如图5-69所示。

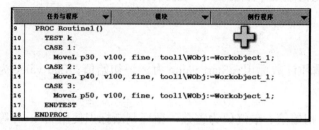

图 5-69　TEST 程序样例

程序说明：程序中定义数字数据 k，判断 k 的值。

（1）如果 k=1，工业机器人 TCP 线性运动至 p30 点。

（2）如果 k=2，工业机器人 TCP 线性运动至 p40 点。

（3）如果 k=3，工业机器人 TCP 线性运动至 p50 点。

五、其他常用指令

1. 调用例行程序指令（ProcCall）

调用例行程序指令可在指定位置调用例行程序。操作步骤如下：

步骤 1　选择"<SMT>"为要调用例行程序的位置，并在"添加指令"列表中选择"ProcCall"指令，如图5-70所示。

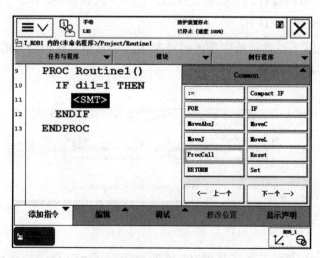

图 5-70　选择"ProcCall"指令

步骤 2　选中要调用的例行程序，然后单击"确定"按钮，如图5-71所示。

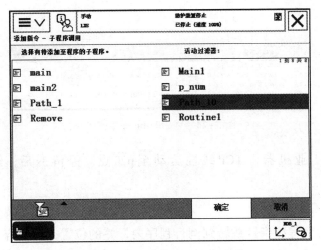

图 5-71　选中要调用的例行程序

步骤 3 调用例行程序完毕，如图 5-72 所示。

任务与程序 ▼	模块 ▼	例行程序 ▼
9	PROC Routine1()	
10	IF di1=1 THEN	
11	Path_10;	
12	ENDIF	
13	ENDPROC	

图 5-72　调用例行程序完毕

2. 返回例行程序指令（RETURN）

返回例行程序指令可马上结束本例行程序的运行，返回程序指针到调用此例行程序的位置，程序样例如图 5-73 所示。

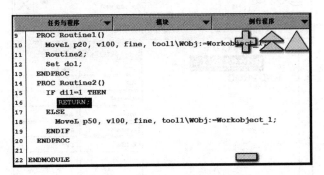

图 5-73　RETURN 返回程序样例

程序说明：当条件 di1=1 满足时，执行"RETURN"返回例行程序指令，程序指针返回到调用"Routine2"的位置并向下执行"Set do1"指令。

3. 时间等待指令（WaitTime）

时间等待指令用于在程序中等待一个指定的时间以后，再继续往下执行。程序样例如

图 5-74 所示。

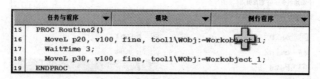

图 5-74 WaitTime 程序样例

程序说明：工业机器人 TCP 线性运动至 p20 点，停留 3s 后，继续线性运动至 p30 点。

4. 跳转指令（GOTO）

跳转指令用于将程序指针跳转到例行程序内标签的位置，需配合 Label 跳转标签指令使用。根据跳转指令的作用，首先创建一个主程序 main1()，然后分别创建好例行程序 Routine1()、Routine2()。

其中，例行程序 Routine1() 的内容为：

MoveJ p20，v200，fine，tool1\WObj：=wobj1；

例行程序 Routine2() 的内容为：

MoveL p30，v100，fine，tool1\WObj：=wobj1；

MoveL p40，v100，fine，tool1\WObj：=wobj1；

添加跳转指令的操作步骤如下：

步骤 1 单击主程序 main1()，然后单击"显示例行程序"，进入主程序编辑界面，在添加指令列表中选择"ProcCall"指令以调用例行程序 Routine1，如图 5-75 所示。

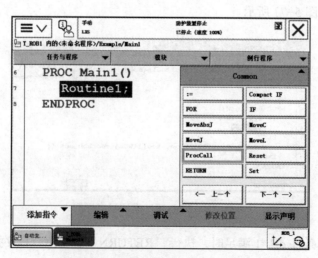

图 5-75 调用例行程序 Routine1

步骤 2 在添加指令列表中选择"Prog.Flow"类别下的"Label"，如图 5-76 所示，在弹出的对话框中单击"下方"按钮。

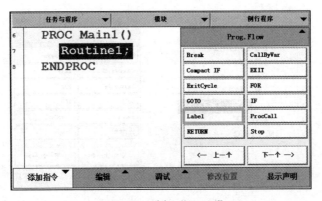

图 5-76　选择"Label"

步骤 3 选择"<ID>",在软键盘中输入"rHome",然后单击"确定"按钮返回程序编辑界面,如图 5-77 所示。

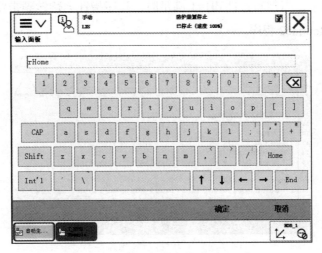

图 5-77　输入标签名称"rHome"

步骤 4 选择"ProcCall"指令以调用例行程序 Routine2,然后添加 IF 指令,条件设置为"di1=1",如图 5-78 所示。

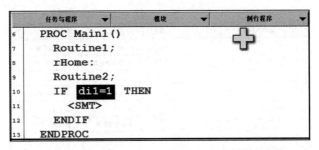

图 5-78　添加 IF 指令

步骤 5 选择"<SMT>",再选择"Prog.Flow"类别下的"GOTO"添加跳转指令,如图 5-79 所示。

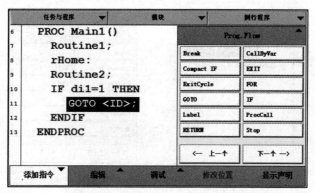

图 5-79　添加 GOTO 跳转指令

步骤6 双击"<ID>",选择标签"rHome",然后单击"确定"按钮,程序编辑完成,单击"显示声明"按钮,程序如图 5-80 所示。在 GOTO 跳转程序样例中,执行main1 程序的过程中,当判断条件 di1=1 满足时,程序指针会跳转到带跳转标签 rHome 的位置,开始执行 Routine2 程序。

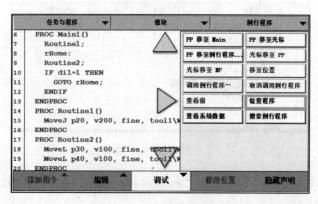

图 5-80　GOTO 跳转程序样例

步骤7 单击"调试"菜单,然后单击"检查程序"以检查程序有无语法错误,确认没有错误后弹出"未发现错误"窗口,最后单击"确定"按钮,则 GOTO 指令添加完成,如图 5-81 所示。

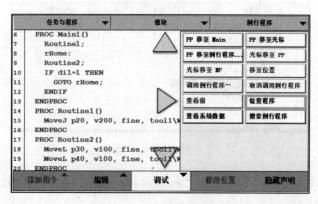

图 5-81　调试检查程序

5. 运动设定指令（VelSet、AccSet）

（1）速度设定指令（VelSet）。

速度设定指令用于设定工业机器人的最大速度和倍率，仅可用于主任务 T_ROB1，程序样例如图 5-82 所示。

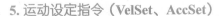

图 5-82 VelSet 程序样例

指令含义：速度设定指令将所有的编程速率降至指令中的值的 50%，但不允许 TCP 速率超过 400mm/s，即点 p30、p40 和 p50 的速度是 400mm/s。

（2）加速度设定指令（AccSet）。

加速度设定指令可定义工业机器人的加速度。当工业机器人处理不同负载时，允许增加或降低加速度，以使机器人移动更加顺畅。该指令仅可用于主任务 T_ROB1，指令表达式如下：

AccSet 50，100；

加速度限制到正常值的 50%。

AccSet 100，50；

加速度坡度限制到正常值的 50%。

知识链接

ABB 工业机器人的 RAPID 程序的功能（FUNCTION）类似于指令，并且在执行完以后可以返回一个数值。在对工业机器人进行位置控制时，使用位置功能代替位置坐标，能够快速获得机器人的目标位置，使用功能可以有效提高编程效率和程序执行效率。下面介绍两个常用的功能。

一、绝对值功能（Abs）

绝对值功能如图 5-83 所示，用于对操作数 reg2 进行取绝对值的操作，然后将结果赋值给 reg1。提示：reg1、reg2 的数据类型应设置为 "num" 数值型。

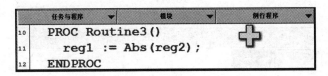

图 5-83 Abs 绝对值功能

二、偏移功能（offs）

偏移功能是以已选定的目标点为基准，沿着选定的工件坐标系的 X、Y、Z 轴方向偏移一定的距离。例如：

MoveJ offs（p20，0，0，30），v200，fine，tool1\WObj：=wobj1；

功能含义：将工业机器人 TCP 移至以 p20 为基准点，沿着 wobj1 工件坐标系的 Z 轴的正方向偏移 30mm 的位置点。

偏移功能程序样例操作步骤如下：

步骤 1 选择例行程序 Routine3()，然后单击"显示例行程序"，在 Routine3() 中添加 MoveJ 关节运动指令，如图 5-84 所示。

图 5-84　添加 MoveJ 关节运动指令

步骤 2 双击"＊"进入指令参数修改界面，单击右侧的"功能"选项卡，选择"offs()"，如图 5-85 所示。

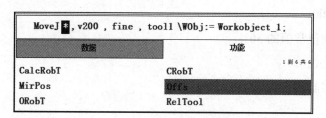

图 5-85　选择"功能"选项卡

步骤 3 选择"数据"选项卡中预先设定的位置数据 p20，如图 5-86 所示。

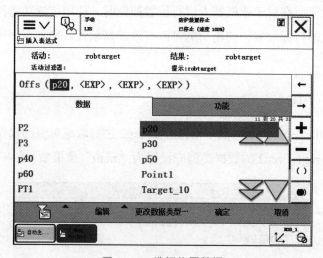

图 5-86　选择位置数据

步骤 4 在"编辑"菜单中选择"仅限选定内容",将偏移参数分别设定为"0,0,30"。如图 5-87 所示。参数"0,0,30"表示:沿 X 轴偏移 0mm,沿 Y 轴偏移 0mm,沿 Z 轴偏移 30mm。

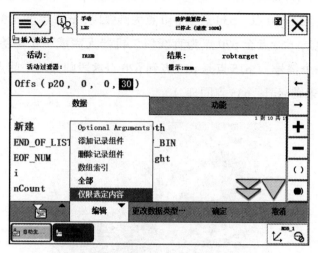

图 5-87　偏移参数设定

步骤 5 单击"确定"按钮,返回程序编辑界面,例行程序 Routine3() 编辑完成,如图 5-88 所示。

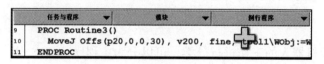

图 5-88　偏移功能程序样例

任务 4　RAPID 编程与调试

任务描述

本任务通过一个机器人喷涂轨迹实例,详细讲解机器人系统创建、I/O 信号设置、程序模块创建、程序指令编写以及程序调试的过程。程序的编制包括两个基本环节:一是确定需要多少个程序模块。程序模块的数量是由应用的复杂性所决定的;二是确定各个程序模块中要建立的例行程序,不同的功能可以放到不同的程序模块中。

任务目标

1. 掌握通过示教器进行 RAPID 程序编写的方法。

2. 掌握机器人运动程序的调试方法。

任务实施

机器人喷涂工作站模拟效果如图 5-89 所示,要求:机器人空闲时,在合适的位置
(pHome 点)等待,当外部输入信号 di1=1 时,机器人从 p10 点运动至 p70 点进行喷涂轨
迹运动,其中 p10 点至 p20 点、p30 点至 p40 点为圆弧段,p20 点至 p30 点、p40 点至 p50
点、p50 点至 p60 点、p60 点至 p70 点为直线段。机器人完成一个喷涂工作周期后回到
pHome 点等待下一个信号。(p15 点是 p10 点到 p20 点这段圆弧的中间点,这里不涉及精
确定位,因此图中未做标记;p35 点同理。)

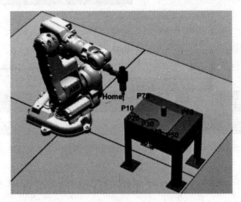

图 5-89 机器人喷涂工作站

一、建立 RAPID 程序

首先,对工业机器人的工作进行分类,可以分为主程序 main1,机器人返回等待位置
点 rhome 子程序,初始化 initial 子程序,运动路径 Routine1 子程序。RAPID 程序编制步
骤如下:

步骤1 创建程序模块 Module1,如图 5-90 所示。

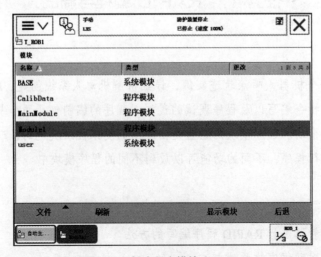

图 5-90 创建程序模块 Module1

步骤 2 根据工业机器人工作要求，创建 4 个例行程序，分别是 initial()、main1()、rhome()、Routine1()，如图 5-91 所示。

图 5-91　创建 4 个例行程序

步骤 3 创建系统输入"Start"信号并与数字输入信号 di1 关联，然后创建喷涂"伺服电机开启"并与数字输出信号 do1 关联，如图 5-92 所示。

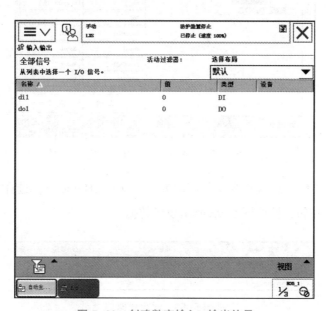

图 5-92　创建数字输入 / 输出信号

步骤 4 在"手动操纵"界面选择要使用的工具坐标"MyTool"和工件坐标"Workobject_1"，如图 5-93 所示。

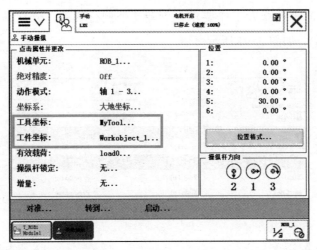

图 5-93   确定工具坐标和工件坐标

步骤5 在"例行程序"列表中选择"rhome()",单击"显示例行程序",然后在"添加指令"菜单中选择"<SMT>"作为插入指令的位置,在指令列表中选择"MoveJ",如图 5-94 所示。

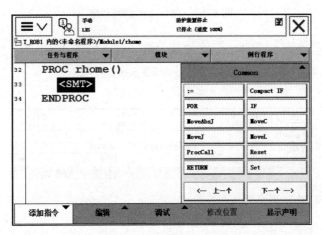

图 5-94   添加"MoveJ"指令

步骤6 双击"*",进入指令参数修改界面,新建 pHome 点,选择对应的参数数据,然后单击"确定"按钮,按照图 5-95 所示设定数据。

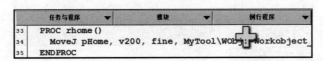

图 5-95   设定数据

步骤7 选择合适的工业机器人运动模式,使用示教器操纵杆将工业机器人运动到如图 5-96 所示的位置,以作为其空闲等待点。

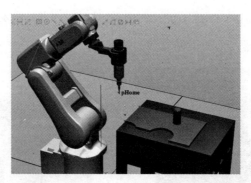

图 5-96 移动工业机器人至空闲等待点

步骤 8 选择"pHome"目标点,单击"修改位置"按钮,将机器人当前位置数据记录下来,并在弹出的对话框单击"修改"进行确认,如图 5-97 所示。例行程序编辑界面中的"+"和"−"用于调整程序字体的大小;"单三角形"用于上、下、左、右单行移动程序;"双三角"用于程序翻页。

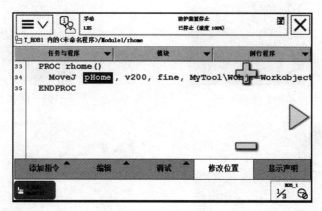

图 5-97 示教 pHome 点

步骤 9 单击"例行程序"选项卡,选择"initial()"例行程序,然后单击"显示例行程序",在此例行程序中加入初始化内容,这里加入了 2 条速度控制指令和调用等待位置点的例行程序,如图 5-98 所示。初始化程序在程序正式开始前运行,用于完成速度控制、夹具复位、机器人返回机械原点等初始化动作。

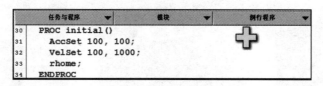

图 5-98 初始化程序

步骤 10 单击"例行程序"选项卡,选择"Routine1()"例行程序,然后单击"显示例行程序",在此例行程序中添加 MoveJ、MoveC、MoveL 运动指令,并使用示教器操纵杆将工业机器人运动到如图 5-99～图 5-107 所示的位置，选中各个目标点，单击"修改位置"按钮，将工业机器人示教位置数据记录下来。

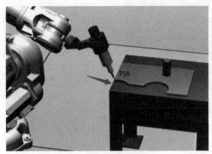

图 5-99　示教 p10 点

图 5-100　示教 p15 点

图 5-101　示教 p20 点

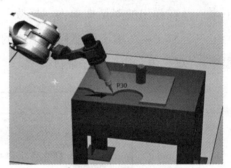

图 5-102　示教 p30 点

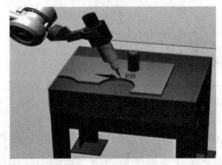

图 5-103　示教 p35 点

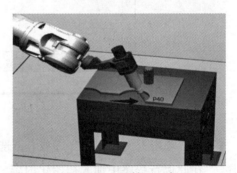

图 5-104　示教 p40 点

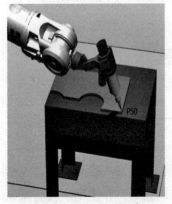

图 5-105　示教 p50 点

图 5-106　示教 p60 点

图 5-107　示教 p70 点

例行程序 Routine1() 具体内容如图 5-108 所示。

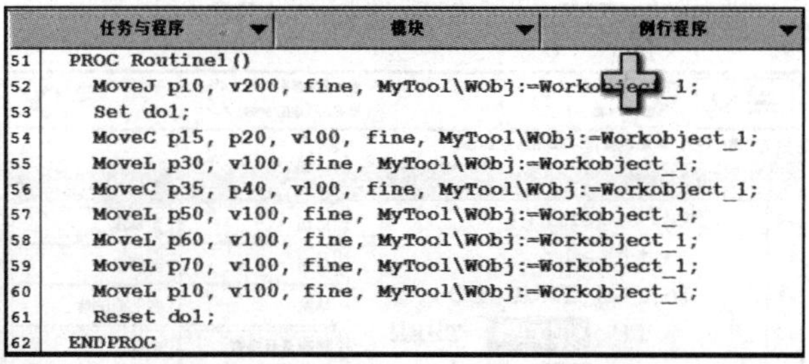

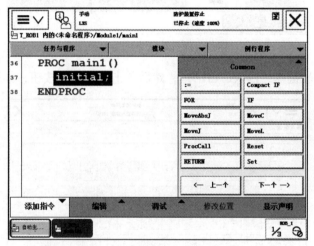

图 5-108 例行程序 Routine1

步骤 11 单击"例行程序"标签，选择"main1()"例行程序，然后单击"显示例行程序"，在开始位置使用"ProcCall"指令调用"initial"初始化例行程序，如图 5-109 所示。

图 5-109 调用 initial 例行程序

步骤 12 添加"WHILE"指令，并将条件设定为"TRUE"，将初始化程序与正常喷涂路径程序隔开，如图 5-110 所示。

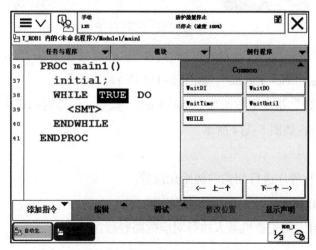

图 5-110 添加"WHILE"指令

步骤 13 添加"IF"指令，目的是判断 di1 的状态，当 di1=1 时，才能执行路径运动，如图 5-111 所示。选择"<EXP>"，然后选择"ABC"。

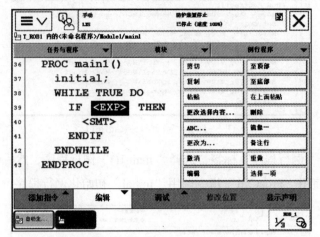

图 5-111 添加"IF"指令

步骤 14 使用软键盘，输入"di1=1"，然后单击"确定"按钮，如图 5-112 所示。

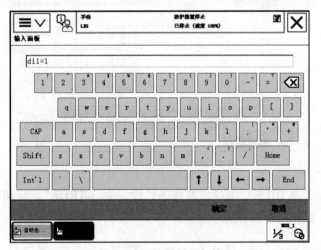

图 5-112 编辑判断条件

步骤 15 在"IF"指令下，选中"<SMT>"，然后添加指令"ProcCall"，依次调用例行程序"Routine1"和"rhome"，如图 5-113 所示。

步骤 16 在"IF"指令下方添加"WaitTime"指令，等待时间设定为 0.3s，以防止系统 CPU 超负荷运转，如图 5-114 所示。

主程序解读：

（1）进入初始化程序进行相关的初始化设置。

（2）进行 WHILE 死循环，将初始化程序隔离。

（3）如果 di1=1，则工业机器人执行对应的路径程序。

（4）等待 0.3s。

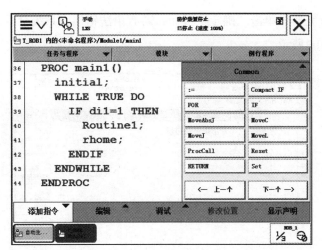

图 5-113　调用例行程序

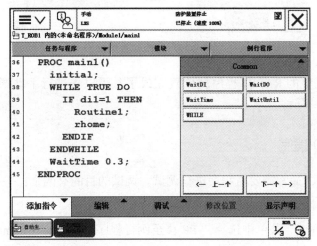

图 5-114　添加"WaitTime"指令

步骤 17 在"调试"菜单中选择"检查程序"，对程序的语法进行检查，如图 5-115 所示。

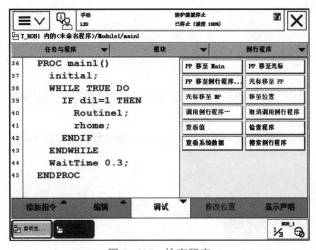

图 5-115　检查程序

步骤 18 检查完毕，单击"确定"按钮，若有语法错误，系统会提示出错的位置与操作建议，如图 5-116 所示。

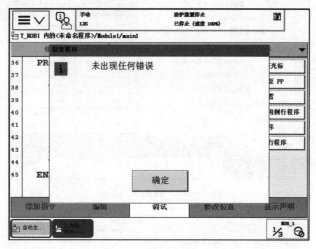

图 5-116 程序检查结果

至此，一个完整的 RAPID 程序就创建完成了，可以先进行手动调试，如没有问题，可进行自动运行。

二、调试 RAPID 程序

编写完程序后，通常需要对程序进行调试。调试的目的有两个：一是检查程序中位置点是否正确；二是检查程序中的逻辑控制是否合理和完善。

步骤 1 在"调试"菜单中选择"PP 移至例行程序"，选择"rhome"，然后单击"确定"按钮，如图 5-117 所示。PP 是程序指针，程序指针总是指向将要执行的指令，如图 5-118 所示。

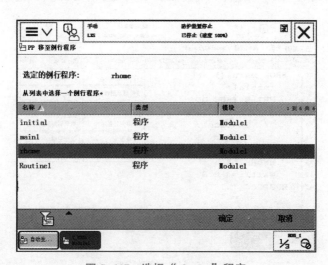

图 5-117 选择"rhome"程序

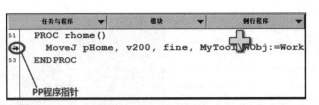

图 5-118　PP 程序指针指向执行指令

步骤 2　在手动模式下，按下使能键，进入"电机开启"状态，按下单步向前按键，观察机器人的移动。注意：按下程序停止键后，才能松开使能键。当程序指针（黄色箭头）与小机器人图标指向同一行时，说明工业机器人已到达 pHome 点，如图 5-119 所示。

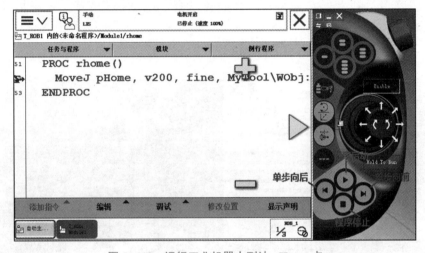

图 5-119　运行工业机器人到达 pHome 点

步骤 3　观察工业机器人的位置是否与用户定义的 pHome 点一致，如图 5-120 所示。

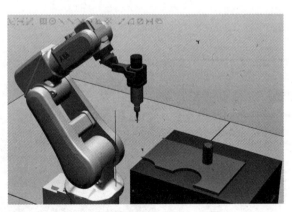

图 5-120　机器人到达 pHome 点

步骤 4　与调试工业机器人返回等待位置"rhome"程序的方法相同，调试运动路径"Routine1"例行程序，单步调试喷涂轨迹运动指令是否合适。工业机器人从 p10 点运动到 p70 点的过程如图 5-121～图 5-130 所示。

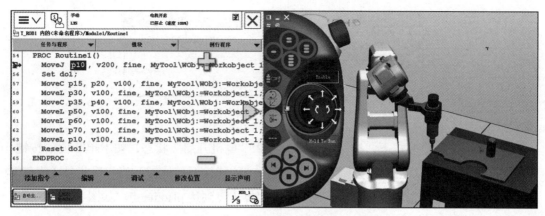

图 5-121　工业机器人到达 p10 点

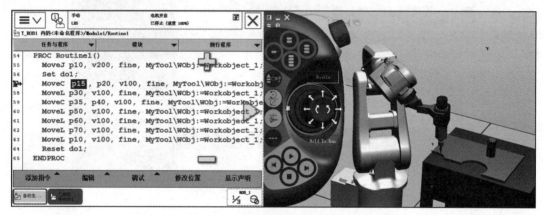

图 5-122　工业机器人到达 p15 点

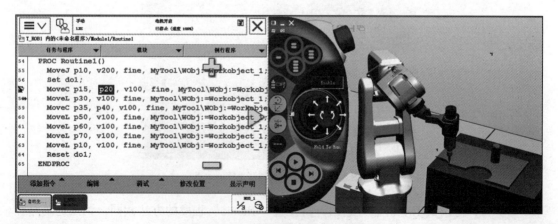

图 5-123　工业机器人到达 p20 点

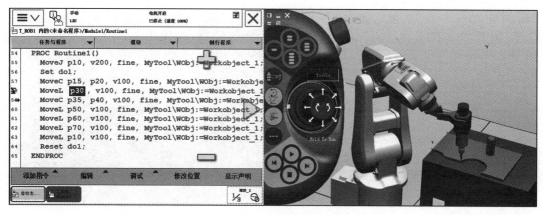

图 5-124　工业机器人到达 p30 点

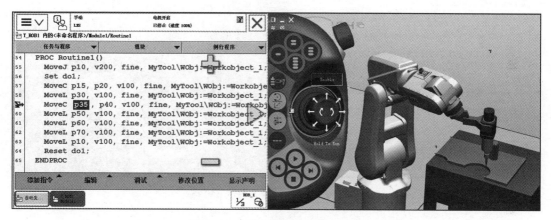

图 5-125　工业机器人到达 p35 点

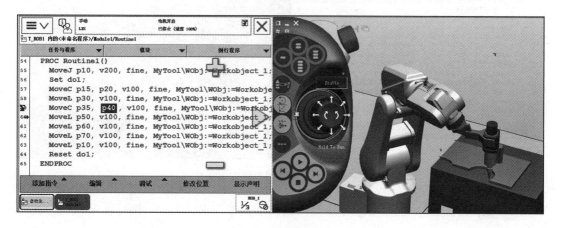

图 5-126　工业机器人到达 p40 点

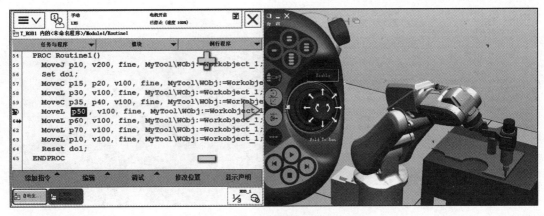

图 5-127　工业机器人到达 p50 点

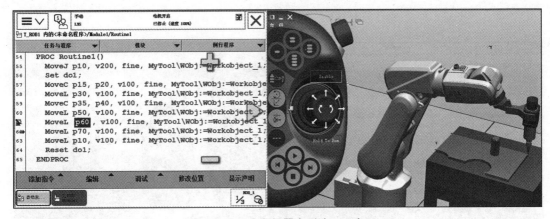

图 5-128　工业机器人到达 p60 点

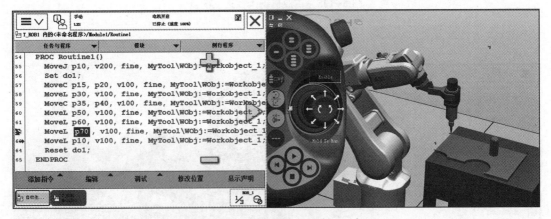

图 5-129　工业机器人到达 p70 点

步骤5 调试 main 主程序的方法与调试运动路径"Routine1"例行程序相同。在调试程序前，先将数字输入信号 di1 设置为 1，然后单击"调试"菜单，选择"PP 移至 Main"，程序指针会自动指向主程序的第一条指令，如图 5-131 所示。

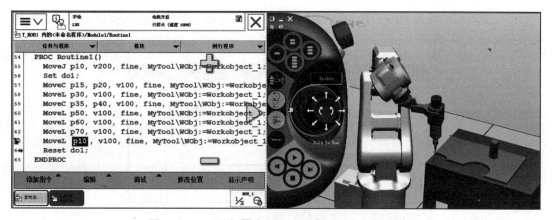

```
54  PROC Routine1()
55    MoveJ p10, v200, fine, MyTool\WObj:=Workobject_1;
56    Set do1;
57    MoveC p15, p20, v100, fine, MyTool\WObj:=Workobje
58    MoveL p30, v100, fine, MyTool\WObj:=Workobject_1;
59    MoveC p35, p40, v100, fine, MyTool\WObj:=Workobje
60    MoveL p50, v100, fine, MyTool\WObj:=Workobject_1;
61    MoveL p60, v100, fine, MyTool\WObj:=Workobject_1;
62    MoveL p70, v100, fine, MyTool\WObj:=Workobject_1;
63    MoveL p10, v100, fine, MyTool\WObj:=Workobject_1;
64    Reset do1;
65  ENDPROC
```

图 5-130 工业机器人返回 p10 点，形成完整路径

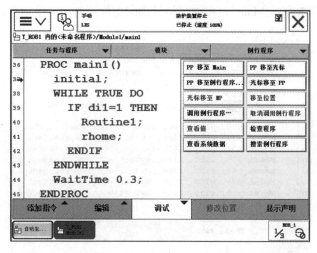

```
36  PROC main1()
37    initial;
38    WHILE TRUE DO
39      IF di1=1 THEN
40        Routine1;
41        rhome;
42      ENDIF
43    ENDWHILE
44    WaitTime 0.3;
45  ENDPROC
```

图 5-131 调试 main 程序

步骤 6 手持示教器，按下使能键，在手动模式及"电机开启"的状态下，按下程序启动按键后仔细观察工业机器人的移动。

步骤 7 若程序语法正确且手动调试后不存在运动干涉问题，就可以将工业机器人系统转入自动运行状态，即将控制器上的状态钥匙逆时针旋转到自动状态，如图 5-132 所示。

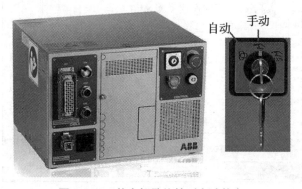

图 5-132 状态钥匙旋转到自动状态

步骤 8 在示教器上的"警告"对话框中单击"确定"按钮，确认状态的切换，如图 5-133 所示。

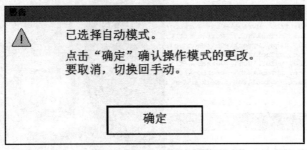

图 5-133 确认状态切换

步骤 9 单击"PP 移至 Main"，将程序指针指向主程序的第一条指令，如图 5-134 所示。

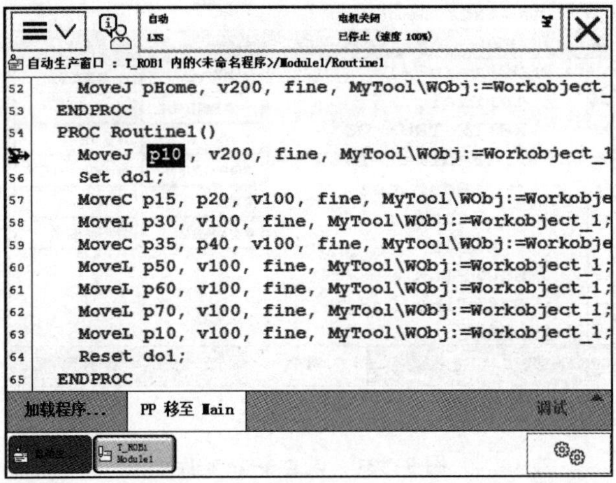

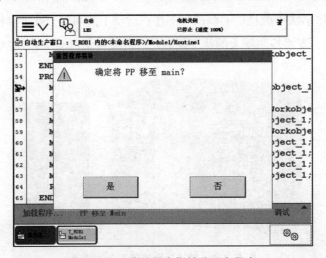

图 5-134 选择"PP 移至 Main"

步骤 10 在弹出的对话框中单击"是"按钮，确认程序指针移至主程序，如图 5-135 所示。

图 5-135 确认程序指针移至主程序

步骤 11 按下开启按钮，使电动机处于开启状态，如图 5-136 所示。

图 5-136　开启电动机

步骤 12 按下示教器上的程序启动按键，工业机器人程序开始自动运行，如图 5-137 所示。

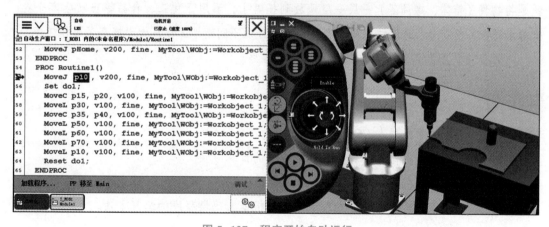

图 5-137　程序开始自动运行

知识链接

一、程序指针

（1）程序指针（PP）的功能是按示教器上的"启动"、"前进"或"后退"按键时可执行相应的指令。

（2）程序从"程序指针"指令处继续执行。但是，如果程序停止时光标移至另一指令处，则程序指针移至光标位置（或者光标移至程序指针位置），程序执行也可从该处重新启动。（示教器上，可通过光标来选择程序或指令，程序指针与光标位置在同一指令程序上时程序可重复运行。）

（3）程序指针在"程序编辑器"和"自动生产窗口"中的程序代码左侧，显示为黄色箭头。

二、动作指针

动作指针指示工业机器人当前正在执行的指令。通常，动作指针比程序指针落后一个或几个指令，这是因为系统计算工业机器人路径的速度比工业机器人移动更快。动作指针在"程序编辑器"和"自动生产窗口"中的程序代码左侧，显示为小机器人形状。

任务 5　机器人码垛控制编程

任务描述

码垛是指将形状基本一致的产品按一定的要求堆叠起来。这项工作起初由人工完成，随着科技的发展，这类危险的、劳动强度大的工作逐渐由机器人取而代之。码垛机器人的功能就是将物件（箱体、罐体等）一层一层地放到托盘上，适用于化工、食品等自动生产企业。机器人码垛不仅安全、速度快、码垛整齐，而且可以不间断地工作，大大提高了工作效率。

本任务将讲解如何编写基本的码垛机器人程序。

任务目标

1. 掌握 ABB 工业机器人 I/O 信号设置方法。
2. 掌握 ABB 工业机器人码垛物件放置位置的计算方法。
3. 掌握 ABB 工业机器人码垛程序数据赋值方法。
4. 掌握 ABB 工业机器人码垛点位示教以及机器人码垛程序的编写方法。

任务实施

一、机器人码垛工作流程

码垛机器人从原点执行动作，移动到抓料区上方等待抓取，移动到物件 1 抓取点，夹持物件，移动到码垛点放置；接着，码垛机器人移动到抓料区进行物件 2 的抓取，如此循环。要求码垛 2 层，每层 3 个物件。采用点位示教偏移法来完成，即只需要精确示教物件 1 的抓取点和物件 1 的码垛点即可，其余点可以通过物件长、宽、高、间距等数据计算出来，然后通过相对位置移动，再配合赋值指令来完成一系列动作。程序流程如图 5-138 所示。

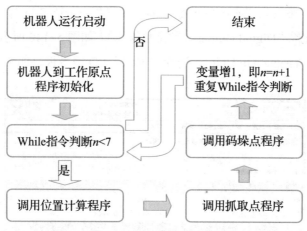

图 5-138　码垛程序流程

码垛机器人控制程序由主程序、初始化程序、位置计算例行程序、抓取例行程序、放置例行程序构成。编程时需要注意以下几个方面：

（1）配置夹持夹爪 I/O 信号。在机器人的 6 轴末端添加一个气动夹爪，利用电磁阀来控制夹爪的开合。当需要抓取物件时，将气动夹爪信号接通，实现夹紧功能；当机器人运行到码垛放置点，需要松开夹爪时，将气动夹爪信号关闭，实现松开功能。

（2）明确码垛位是以物件 1 为零点，其余 5 点采用偏移位置坐标。

（3）抓取物件和放置物件后，通常需要设置 0.5 ～ 1s 的停留时间。

（4）定义变量作为计数值，每次从主程序启动时，都需要对计数变量进行初始化（赋值为 1 即可）。

二、配置夹爪控制输出信号 do4

步骤 1 　单击 ABB 主菜单栏中的"控制面板"，然后单击"配置系统参数"，进入 I/O 配置界面，双击"Signal"，如图 5-139 所示。

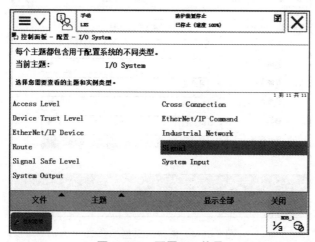

图 5-139　配置 I/O 信号

步骤2 单击"添加"，建立一个数字输出信号，信号名称为"do4"，信号类型"Type of Signal"选择"Digital Output"（数字量输出），如图5-140所示。

步骤3 双击"Assigned to Unit"，选择"d652" I/O信号板，如图5-140所示。

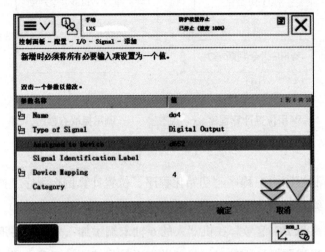

图5-140 设置数字量输出信号参数

步骤4 设置输出信号的分配地址为4，如图5-140所示。

步骤5 单击"确定"按钮，在"重新启动"对话框中单击"是"按钮，完成配置。通常，完成所有的I/O配置后再重新启动。

三、建立码垛夹爪工具坐标

步骤1 单击ABB主菜单栏中的"手动操纵"，再单击"工具坐标"，新建一个工具坐标并命名为"tool1"，其他参数默认即可，单击"确定"按钮，如图5-141所示。

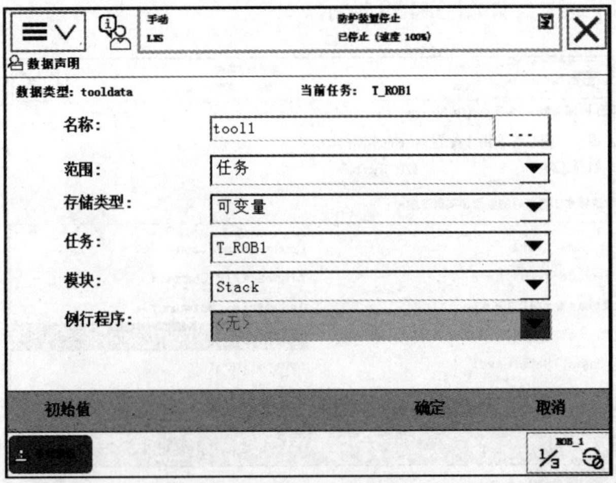

图5-141 修改工具坐标参数

步骤 2　选择"tool1",在"编辑"菜单中选择"更改值",如图 5-142 所示。

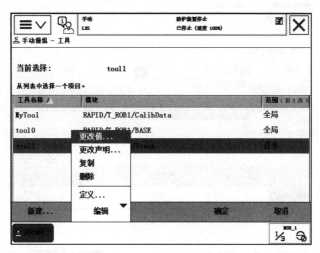

图 5-142　选择"更改值"

步骤 3　单击"mass",填入夹爪工具重量(约 2kg),另外,根据实际情况将工具的重心位置填入"cog"(约:10,-5,50),如图 5-143 所示,然后单击"确定"按钮。

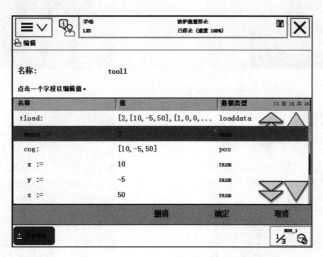

图 5-143　设定工具重量与重心

步骤 4　选择"tool1",在"编辑"菜单中选择"定义",再在"方法"下拉菜单中选择"TCP 和 Z,X",如图 5-144 所示。

步骤 5　如图 5-145 ~图 5-148 所示,使用示教器以 4 种不同的姿态移动机器人,让夹爪的参考点 A 与固定参考点 B 接触(首先以单轴调整工具姿态,然后以线性运动接近),每完成一个和固定参考点接触的姿态之后要单击"修改位置",保存该点的位置数据。(提示:第 4 个点要以垂直姿态接触固定参考点,前 3 个点的姿态变化尽量大一些,以有利于工具坐标的精确。)

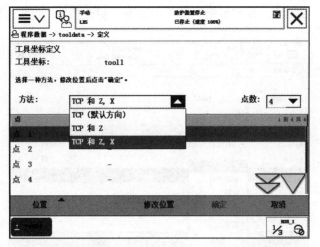

图 5-144　选择定义工具坐标的方法

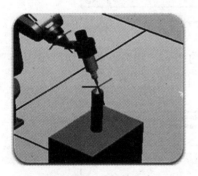

图 5-145　示教第 1 点

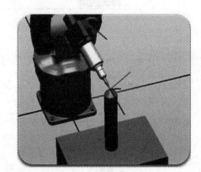

图 5-146　示教第 2 点

图 5-147　示教第 3 点

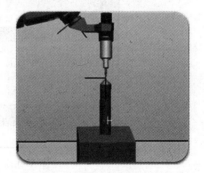

图 5-148　示教第 4 点

步骤 6　设定延伸器点 X 的位置（工具坐标的 X 轴正方向），如图 5-149 所示。注意：设定的 X 方向与原 TCP（tool0）Y 轴方向一致。

步骤 7　设定延伸器点 Z 的位置（工具坐标的 Z 轴正方向），如图 5-150 所示。

步骤 8　全部修改完成后单击"确定"按钮，查看计算出的误差（如没有问题则单击"确定"按钮，反之单击"取消"按钮重新示教点位），至此，夹爪工具坐标建立完成。

步骤 9　检验工具坐标。单击 ABB 主菜单中的"手动操纵"，"动作模式"选择"重定位，"坐标系"选择"工具"，"工具坐标"选择"tool1"，如图 5-151 所示。

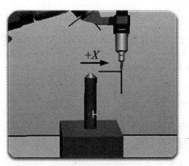

图 5-149　示教延伸器点 X

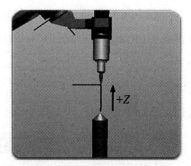

图 5-150　示教延伸器点 Z

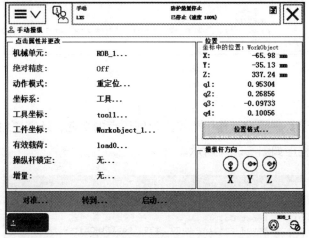

图 5-151　检验工具坐标

步骤 10 手动操作码垛机器人进行重定位运动，检验新建立的工具坐标 tool1 的精度。如果工具坐标设定精确，可以看到夹爪参考点与固定点始终保持接触状态，而码垛机器人会根据重定位操作改变姿态。

四、程序编写

编程前，先设置物件计数变量名为 "nCount"，"nCount" 为 "num" 类型的数据，并且将初始值设为 1，如图 5-152 所示。

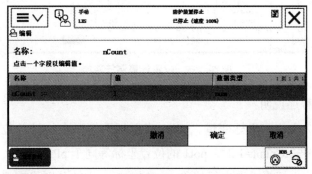

图 5-152　创建物件计数变量数据

关键目标点示教主要包括：工作原点（origin）、物件抓取位置点（pPick）、第一个物件码垛放置点（pPlace）。根据任务创建主程序 main_()、初始化程序 InitALL()、位置计算例行程序 Position()、抓取例行程序 Grasp()、放置例行程序 Place()。

1. 新建主程序

新建主程序，如图 5-153 所示。

```
任务与程序 ▼        模块 ▼              例行程序 ▼
12   PROC main_()
13     InitALL;
14     WHILE nCount < 7 DO
15       Position;
16       Grasp;
17       Place;
18     ENDWHILE
19     MoveJ origin, v200, z30, tool1\WObj:=Workobject_1;
30     Stop;
21   ENDPROC
```

图 5-153　主程序

2. 初始化程序

初始化程序用于实现码垛工作中机器人返回原点的功能，还需要对输出信号及计数变量进行复位。具体程序如图 5-154 所示。

```
任务与程序 ▼        模块 ▼              例行程序 ▼
9    PROC InitALL()
10     nCount := 1;
11     Reset do4;
12     MoveJ origin, v200, z30, tool1\WObj:=Workobject_1
13   ENDPROC
```

图 5-154　初始化程序

3. 位置计算例行程序

位置计算例行程序如图 5-155 所示。

```
任务与程序 ▼        模块 ▼              例行程序 ▼
19   !Qu_Liao
20     IF nCount = 1 pot1 := pPick;
21     IF nCount = 2 pot1 := Offs(pPick,-36,0,-46);
22     IF nCount = 3 pot1 := Offs(pPick,36,0,-46);
23     IF nCount = 4 pot1 := Offs(pPick,-72,0,-92);
24     IF nCount = 5 pot1 := Offs(pPick,0,0,-92);
25     IF nCount = 6 pot1 := Offs(pPick,72,0,-92);
26   !Fang_Liao:
27     IF nCount = 1 pot2 := pPlace;
28     IF nCount = 2 pot2 := Offs(pPlace,72,0,0);
29     IF nCount = 3 pot2 := Offs(pPlace,144,0,0);
30     IF nCount = 4 pot2 := Offs(pPlace,0,0,46);
31     IF nCount = 5 pot2 := Offs(pPlace,72,0,46);
32     IF nCount = 6 pot2 := Offs(pPlace,144,0,46);
33   ENDPROC
```

图 5-155　位置计算例行程序

位置计算例行程序说明：

（1）pot1、pot2 为位置坐标变量。pPick 表示抓取第一个物件的位置坐标（此坐标根据实际情况示教），当 nCount=1 时，pot1 的位置坐标等同于 pPick 坐标。

（2）以 pPick 的坐标为零点进行偏移（−36，0，−46 分别代表 X、Y、Z 的偏移量），当示教完成物件 1 的抓取点位后，可以算出物件 2 的位置相对于物件 1 在 X 轴发生负方向偏移 36mm，Y 轴未发生偏移，Z 轴发生负方向偏移 46mm。相对坐标系如图 5-156 所示。其中，物件尺寸为：长 × 宽 × 高 =125mm×52mm×46mm，物件之间间隔 20mm。以同样的方法算出其余点的偏移量。

图 5-156　物件抓取位置

（3）码垛放置位同样只需要示教物件 1 的放置位置即可，pPlace 就是物件 1 放置的示教点坐标，以此坐标为零点进行相对位置偏移，计算出其他点位，如图 5-157 所示。

图 5-157　物件码垛位置

4. 抓取例行程序

抓取物件的例行程序如图 5-158 所示。

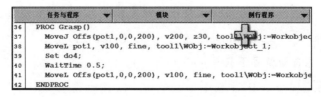

图 5-158　抓取例行程序

5. 放置例行程序

放置例行程序思路：将第一个抓取的物件放置到示教点（pPlace 点），一个流程运行完成后将计数变量值"nCount"加 1，以示教 pPlace 点作为零点进行相对坐标位置偏移，计算出其他点位，其他点位数据依靠变量 pot2 计算得到。码垛目标为 2 层，每层 3 个物件，每个物件之间间距 20mm。放置例行程序如图 5-159 所示。

任务与程序 ▼	模块 ▼	例行程序 ▼

```
43   PROC Place()
44     MoveJ Offs(pot2,0,0,200), v200, z30, tool1\WObj:=Workobjec
45     MoveL pot2, v100, fine, tool1\WObj:=Workobject_1;
46     Reset do4;
47     WaitTime 0.5;
48     MoveL Offs(pot2,0,0,200), v100, fine, tool1\WObj:=Workobje
49     nCount := nCount + 1;
50   ENDPROC
```

图 5-159　放置例行程序

程序说明：当 nCount=2 时（机器人抓取第 2 个物件时），通过位置计算程序，将第 2 个物件所需要的抓取位坐标和码垛位坐标分别传给 pot1 和 pot2，机器人移动到第 2 个物件上方进行抓取，然后移动到码垛位上方进行放置，变量值计算（nCount+1），这时 nCount=3，并且符合 nCount<7 的条件，循环继续，抓取第 3 个物件，以此类推。

知识链接

码垛机器人控制程序的编写采用的是结构化设计方法，将一些关键操作步骤，如抓取物件、放置物件、位置坐标计算等编写成例行程序模块，实际运用时，在主程序中调用这些例行程序即可。这样做的目的是使机器人的各个操作互相独立，不会产生干扰，也便于操作人员发现程序设计的问题。

本任务若采用点位示教法，需要精确示教的点有 24 个，其中抓取点位 12 个（物件 1、物件 2、物件 3、物件 4、物件 5、物件 6 的正上方以及抓取位），码垛点位 12 个（物件 1、物件 2、物件 3、物件 4、物件 5、物件 6 的正上方以及放置位），这样示教比较烦琐，容易出错，通常不建议使用这类编程方法。

技能检测

一、选择题

1. 常用（　　）指令将工业机器人快速运动至各个关节轴零度位置。

　　A. MoveAbsJ　　　　　B. MoveL　　　　　　C. MoveJ　　　　　　D. MoveC

2. 工业机器人在自动模式下只是执行（　　）。

　　A. 功能程序　　　　　B. 主程序　　　　　　C. 例行程序　　　　　D. 中断程序

3. RAPID 程序是由（　　）组成的。

  A. 程序模块和系统模块   B. 主程序和例行程序

  C. 主程序和中断程序   D. 例行程序和中断程序

4.( )信号可以应用 Set 置位指令。

  A. 数字量输入信号   B. 数字量输出信号

  C. 模拟量输入信号   D. 模拟量输出信号

5.( )是时间等待指令。

  A. WaitDI   B. WaitDO   C. WaitUntil   D. WaitTime

二、简答题

  1. 解释 MoveJ p10，v1000，z50，tool1\wobj：=wobj1 中的 P10、v1000、z50、tool1、wobj1 的定义？

  2. 在编程中使用常量可以带来哪些便捷？

  3. 简述程序模块与例行程序之间的联系。

  4. 通常，程序编写完成后应进行调试，目的是什么？

  5. 简述赋值指令的要点。

三、实操题

  1. 在工件坐标"wobj1"下，手动示教 p10 点，已知 p20 点相对 p10 点，在 X 轴上相距 100mm，在 Y 轴上相距 50mm，Z 轴不变，用"offs"偏移指令编写到达 p20 点的程序。

  2. 在了解 ABB 工业机器人常用的条件逻辑判断指令及赋值指令的基础上，完成循环指令的应用。实例内容：reg1=1，当 reg1<4；条件满足时，运行矩形轨迹程序，要求循环运行 3 次；条件不满足时，跳出循环，运行三角形轨迹。矩形轨迹与三角形轨迹如图 5-160 所示，要求编写出实例程序，轨迹编程中要设有安全点。

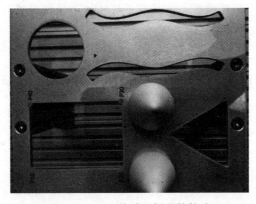

图 5-160　工作站面板上的轨迹

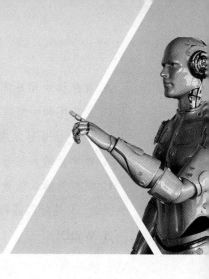

单元六

ABB 工业机器人仿真基础

单元导读

本单元将以 ABB 工业机器人仿真软件 RobotStudio（简称 RS）为平台，讲解安装仿真软件、创建工业机器人工作站、创建工件坐标和轨迹程序、录制软件以及制作独立播放文件的方法。仿真软件在机器人教学和测试环节具有非常明显的优势，如方便、安全、低成本等。对仿真软件 RobotStudio 的学习，有助于提高读者的仿真软件操作水平，以及分析问题和解决问题的能力，并具备一定的离线编程能力。

重点难点

◆ RobotStudio 软件的基本操作。

能力要求

◆ 能进行基本仿真工业机器人工作站的构建和加载。

◆ 会进行工业机器人仿真模型、工具及系统的相关数据设置。

◆ 能创建工件坐标与轨迹程序。

思政目标

◆ 在学习和工作中注重良好的行为习惯的养成，做到知行合一，言行一致。

▷ 任务 1　RobotStudio 软件的安装与界面介绍

任务描述

用户可以通过工业机器人仿真软件对虚拟的机器人进行离线编程，有助于用户快速实现智能化、自动化编程，提高生产效率。本任务主要讲解工业机器人仿真软件

RobotStudio 的安装与界面功能，熟悉界面各部分功能是学好 RobotStudio 的基础。

任务目标

1. 了解工业机器人的仿真应用技术。
2. 熟悉 RobotStudio 软件的安装步骤与操作界面。

任务实施

一、安装 RobotStudio 仿真软件

RobotStudio 6 以上的版本安装要求均比较高，所以硬件和操作系统必须均达到要求。安装硬件配置要求见表 6-1，具体安装步骤如下：

表 6-1 RobotStudio 安装硬件配置要求

硬件	要求
CPU	I5 或以上
内存	2GB 或以上
硬盘	空间 20GB 以上
显卡	独立显卡
操作系统	Windows 7 以上

步骤 1 下载 ABB 公司官网（www.RobotStudio.com）上提供的 RobotStudio 软件的试用版（书中下载的版本是 RobotStudio6.04.01）。下载完成后将文件解压，进入解压后的文件夹，双击 setup.exe 文件进行安装，如图 6-1 所示。

图 6-1 双击 setup.exe 文件

步骤 2 选择"中文（简体）"，单击"确定"按钮，如图 6-2 所示。

图 6-2 选择"中文（简体）"

步骤 3 在弹出的对话框中等待配置完成，然后单击"下一步"按钮，如图 6-3 所示。

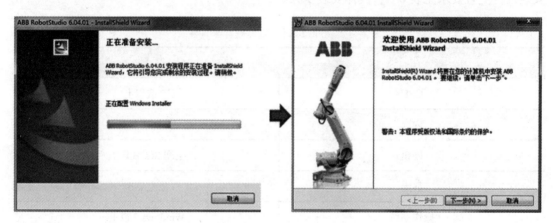

图 6-3 单击"下一步"按钮

步骤 4 在弹出的"许可证协议"对话框中，选择"我接受该许可协议中的条款"，单击"下一步"按钮，在"隐私声明"对话框中单击"接受"按钮，如图 6-4 所示。

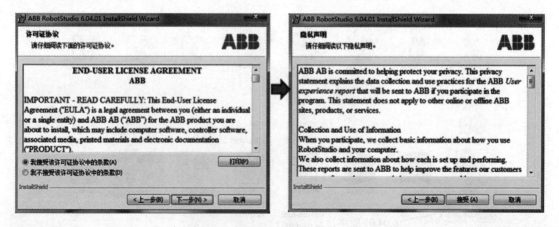

图 6-4 接受许可证协议和隐私声明

步骤5　在弹出的"目的地文件夹"对话框中可以更改安装目录，单击"下一步"按钮，在弹出的"安装类型"对话框中选择"完整安装"，再单击"下一步"按钮，如图6-5所示。

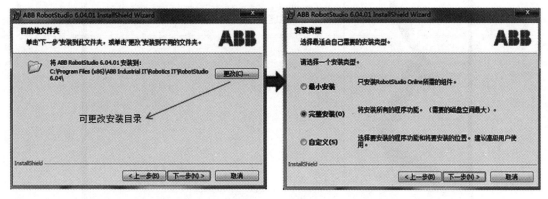

图 6-5　指定安装目录并选择"完整安装"

步骤6　在弹出的"已做好安装程序的准备"对话框中单击"安装"按钮，系统开始自动安装，如图6-6所示。

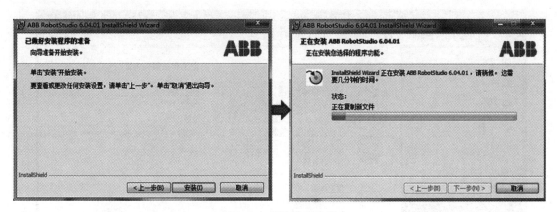

图 6-6　系统自动安装

步骤7　成功安装完成后，在弹出的对话框中单击"完成"按钮即可，如图6-7所示。

二、认识 RobotStudio 仿真软件操作界面

（1）在桌面上双击 RobotStudio 仿真软件按钮，启动 RobotStudio 仿真软件，进入系统默认的操作界面，即"文件"选项卡操作界面，如图6-8所示。"文件"菜单中的 RobotStudio 后台视图会显示当前活动的工作站的信息和数据，菜单中还会列出最近打开的工作站并提供一系列用户选项，如创建空工作站、创建新机器人系统、连接到控制器、将工作站保存为查看器等。

RS 仿真软件
菜单使用介绍

工业机器人基础与实用教程

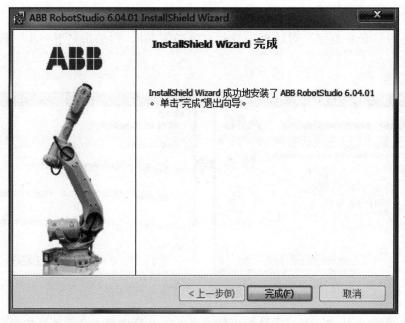

图6-7 安装完成

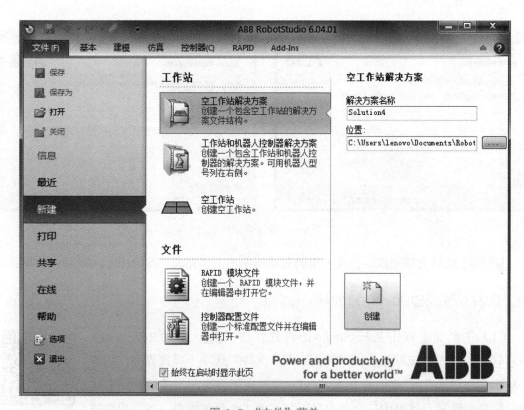

图6-8 "文件"菜单

（2）"基本"菜单如图6-9所示，该菜单提供建立工作站、创建系统、路径编辑、基本设定、机器人基本控制以及项目摆放等功能。

·202·

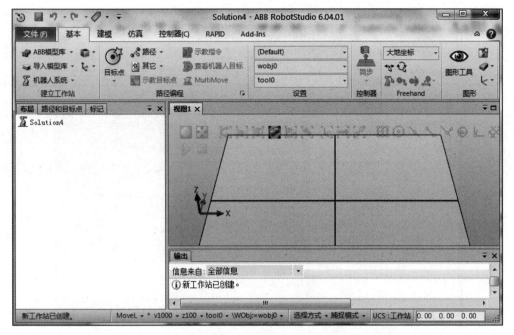

图 6-9 "基本"菜单

（3）"建模"菜单如图 6-10 所示，该菜单提供创建及分组组件、Freehand、测量以及与 CAD 相关的功能等。

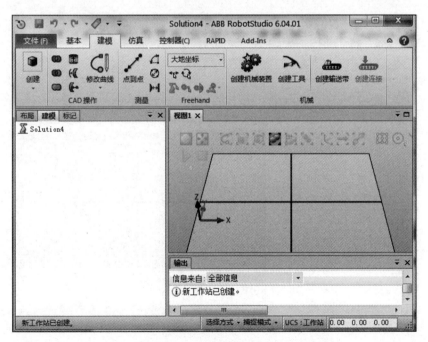

图 6-10 "建模"菜单

（4）"仿真"菜单如图 6-11 所示，该菜单提供碰撞监控、配置、仿真控制、监控、信号分析和录制短片等功能。

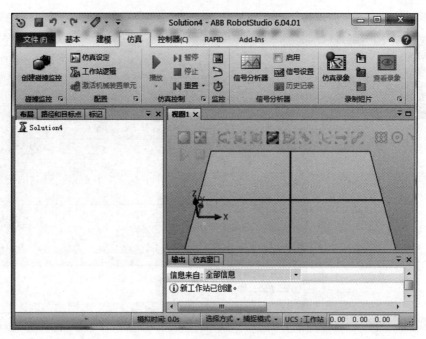

图 6-11 "仿真"菜单

（5）"控制器"菜单如图 6-12 所示，该菜单提供管理真实控制器、控制器工具操作以及虚拟控制器的同步、配置等功能。

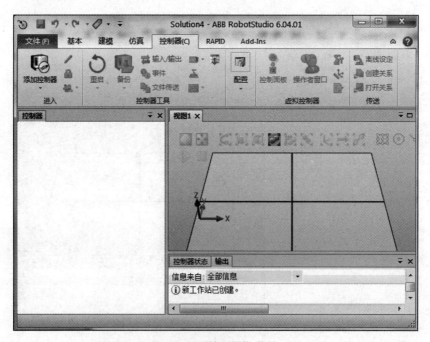

图 6-12 "控制器"菜单

（6）"RAPID"菜单如图 6-13 所示，该菜单提供 RAPID 程序的操作、编辑、插入、查找等功能。

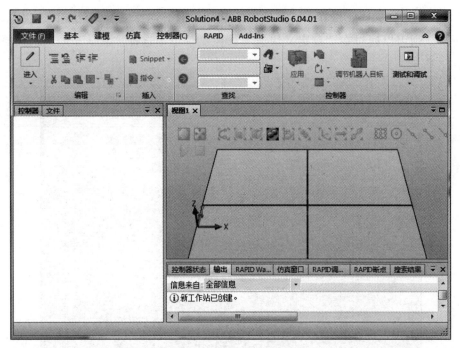

图 6-13　"RAPID"菜单

（7）"Add-lns"菜单如图 6-14 所示，该菜单所提供的功能以二次开发为主，用户可以自行开发相关功能以满足不同需求，同时，ABB 公司也提供了一些相关插件供用户使用。

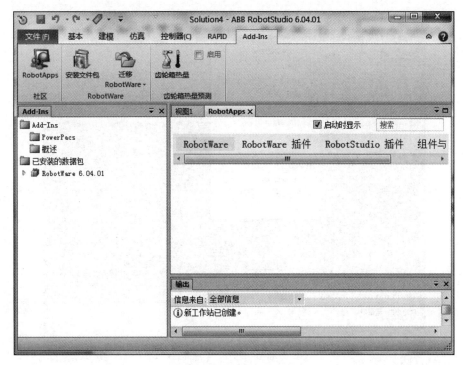

图 6-14　"Add-lns"菜单

如果因误操作关闭了操作窗口，而无法找到对应的操作对象或查看相关信息，如图6-15 所示，则可以通过在"自定义快速工具栏"菜单中选择"默认布局"来恢复窗口，如图 6-16 所示。

图 6-15　误操作关闭了窗口

图 6-16　选择"默认布局"

知识链接

一、工业机器人的仿真应用技术

1. 仿真技术

最初的仿真技术只用于辅助实际系统进行试验，随着科技的发展，现在仿真系统已经可以实现多种高级应用，包括：系统概念研究、系统可行性研究、系统分析与设计、系统开发、系统测试与评估、系统操作人员培训、系统预测、系统使用与维护等。仿真技术作为工业机器人技术的发展方向之一，在工业机器人应用领域中扮演着极其重要的角色，已经应用到军用以及与国民经济相关的各个重要领域。

常见的工业机器人仿真软件有RobotStudio、RobotArt、RobotMaster、RobotWorks、RobotCAD、DELMIA等。

2. 工业机器人仿真技术

工业机器人仿真技术可通过预先对机器人及其工作环境乃至生产过程进行模拟仿真，将机器人的运动方式以动画的形式显示出来，使用户能够直观地观察机器人的状态和行走路径，进而有效地避免了机器人运动限位、碰撞和运动轨迹中奇异点的出现。

机器人三维仿真功能可实现先仿真后运行，即通过将机器人仿真程序直接集成到控制器中，以确保仿真结果与机器人的实际运行情况完全一致。这种方法既经济又安全，而且可以提高生产效率。

另外，机器人三维仿真功能还能够有效地辅助设计人员进行机器人虚拟示教、机器人工作站布局、机器人工作姿态优化。

二、RobotStudio的功能和特点

（1）CAD导入。可方便地导入各种主流CAD格式的数据，包括IGES、STEP、VRML、VDAFS、ACIS及CATIA等。程序员可依据这些精确的数据编制精度更高的工业机器人程序，从而提高产品质量。

（2）AutoPath™功能。RobotStudio中最能节省时间的功能之一，该功能通过使用待加工零件的CAD模型，仅在数分钟之内便可自动生成跟踪加工曲线所需的工业机器人的位置（路径），而这项任务以往通常需要数小时甚至数天。

（3）程序编辑器。可生成工业机器人程序，使用户能够在Windows环境中离线开发或维护工业机器人程序，可显著缩短编程时间、改进程序结构。

（4）路径优化。如果程序包含接近奇异点的机器人动作，RobotStudio可自动检测并发出报警，从而防止机器人在实际运行中发生这种现象。仿真监视器是一种用于机器人运动优化的可视工具，红色线条显示可改进之处，使机器人按照最有效的方式运行。可以对

TCP 速度、加速度、奇异点或轴线等进行优化，缩短运行周期。

（5）可达性分析。用户可通过 Autoreach 进行可到达性分析，使用十分方便，通过该功能可任意移动工业机器人或工件，直到所有位置均可到达，在数分钟之内便可完成工作单元平面布置验证和优化。

（6）虚拟示教台。虚拟示教台是实际示教台的图形显示，其核心技术是 Virtual Robot。从本质上讲，所有可以在实际示教台上进行的工作都可以在虚拟示教台（QuickTeach™）上完成，因此，虚拟示教台是一种非常出色的教学和培训工具。

（7）事件表。一种用于验证程序的结构与逻辑的理想工具，也是一种十分理想的调试工具。程序执行期间，可通过该工具直接观察工作单元的 I/O 状态。可将 I/O 连接到仿真事件，实现工位内工业机器人及所有设备的仿真。

（8）碰撞检测。碰撞检测功能可避免因设备碰撞造成的严重损失。选定检测对象后，RobotStudio 可自动监测并显示程序执行时这些对象是否会发生碰撞。

（9）VBA 功能。可采用 VBA（Visual Basic for Applications）改进和扩充 RobotStudio功能，用户可根据具体需要开发功能强大的外接插件、宏或定制用户界面。

（10）PowerPac's 功能。ABB 公司协同合作伙伴利用 VBA 进行了一系列基于RobotStudio 的应用开发，使 RobotStudio 能够更好地适用于弧焊、弯板机管理、点焊、CalibWare（绝对精度）、叶片研磨以及 BendWizard（弯板机管理）等应用。

（11）直接上传和下载。基于 ABB 的 VirtualRobot 技术，整个工业机器人程序无需任何转换便可直接下载到实际工业机器人系统。

三、RobotStudio 基本版与高级版的区别

在第一次正确安装 RobotStudio 以后，软件提供 30 天的全功能高级版免费试用。30天以后，如果还未进行授权操作，则只能使用基本版的功能。

基本版：提供基本的 RobotStudio 功能，如配置、编程和运行虚拟控制器。还可通过以太网对实际控制器进行编程、配置和监控等在线操作。

高级版：使用高级版需进行激活。高级版包含基本版的所有功能，另外，还提供了所有的离线编程功能和多机器人仿真功能。另外，ABB 公司还提供了学校版 RobotStudio 软件用于教学。

> **任务 2　构建基本仿真工业机器人工作站**

任务描述

本任务将讲解构建基本仿真工业机器人工作站的方法，包括如何在仿真平台上加载机

器人模型、工具，如何摆放周边模型，如何建立机器人系统等。读者可以结合工业机器人实操平台，快速建立工作站空间模型。

任务目标

1. 掌握基本仿真工业机器人工作站的构建内容和加载方法。
2. 会进行工业机器人仿真模型、工具及系统的相关数据设置。

任务实施

一、构建基本仿真工业机器人工作站

基本的工业机器人工作站包括工业机器人及工作对象。这里以 ABB 的 IRB 120 型号的工业机器人为例讲解基本仿真工业机器人工作站的加载设置步骤。

RS 导入机器人并加载机器人系统

步骤 1 在"文件"菜单中选择"新建"，单击"空工作站"，然后单击"创建"以创建一个新的工作站，如图 6-17 所示。

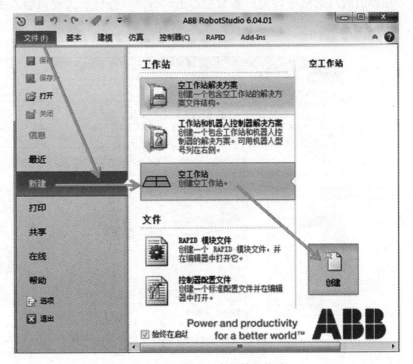

图 6-17 创建一个新的工作站

步骤 2 导入工业机器人。在"基本"菜单中打开"ABB 模型库"，选择"IRB 120"工业机器人模型，如图 6-18 所示。

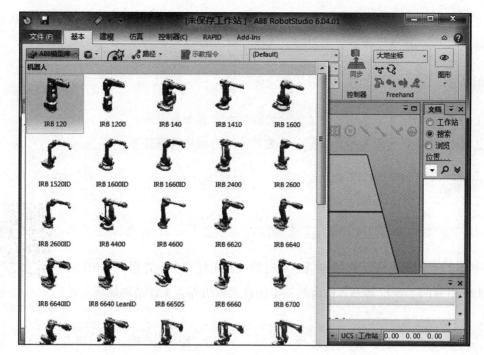

图 6-18　导入"IRB120"工业机器人

步骤3　在弹出的对话框中设定好参数后单击"确定"按钮，工业机器人便被导入工作站空间，如图 6-19 所示。

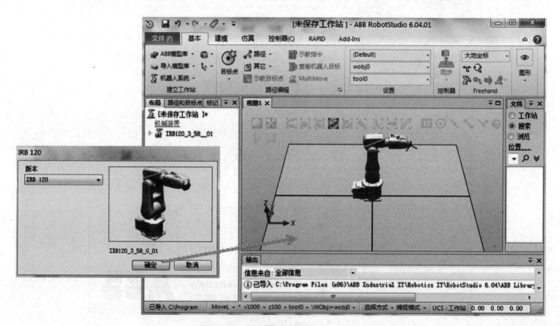

图 6-19　机器人被导入工作站

步骤4　加载工具。在"基本"菜单中选择"导入模型库"—"设备"，再选择"myTool"，如图 6-20 所示。

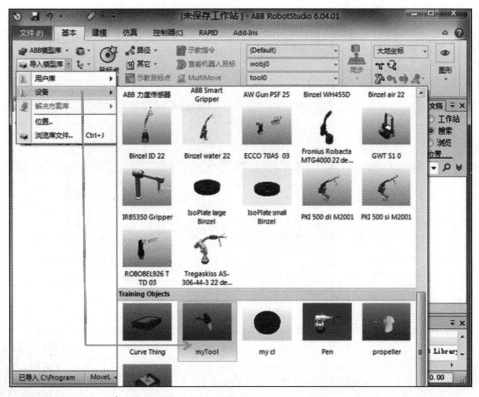

图 6-20 加载"myTool"工具

步骤 5 安装工具。选择"myTool",按住鼠标左键向上拖动到"IRB120_3_58__01"后松开左键,在弹出的"更新位置"对话框中单击"是"按钮,则工具被安装到工业机器人法兰盘上,如图 6-21 所示。

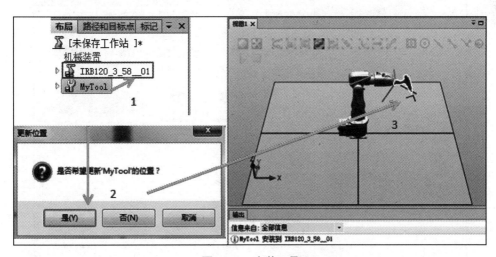

图 6-21 安装工具

步骤 6 如果想将工具从工业机器人的法兰盘上拆下,则可以选择"myTool"后单击鼠标右键,选择"拆除",如图 6-22 所示。

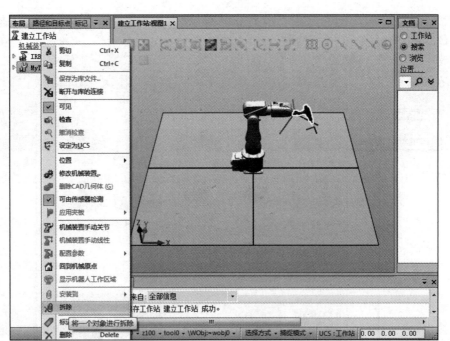

图 6-22　拆除工具

步骤 7 加载周边模型。在"基本"菜单中选择"导入模型库"—"设备"，再选择"propeller table"，完成模型加载，如图 6-23 所示。

RS 加载工具设备和
工作台设备

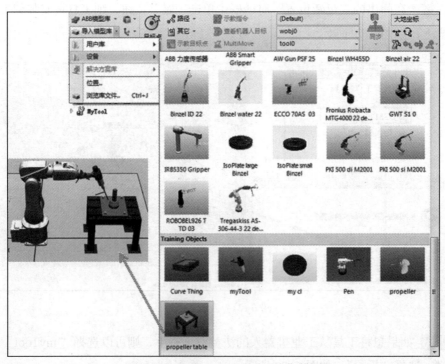

图 6-23　加载"propeller table"模型

在 "Freehand" 功能区中选择 "大地坐标" 并单击 "移动" 按钮 ，拖动箭头到达图 6-24 所示的大地坐标上，对步骤 7 加载的模型的位置进行调整。

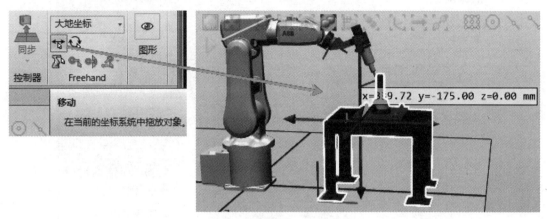

图 6-24　调整加载模型的位置

步骤 9　在 "基本" 菜单中选择 "导入模型库" — "设备"，再选择 "Curve Thing"，完成模型加载，如图 6-25 所示。

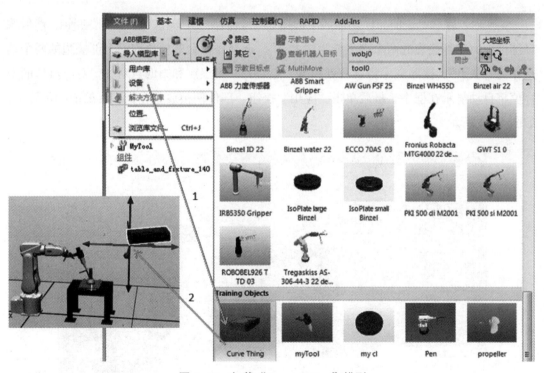

图 6-25　加载 "Curve Thing" 模型

步骤 10　将 "Curve Thing" 模型放置到操作台上。在 "Curve Thing" 项上单击鼠标右键，在弹出的快捷菜单中选择 "位置" — "放置" — "两点"，"放置对象" 面板显示 "大地坐标" — "主点一从"，如图 6-26 所示。

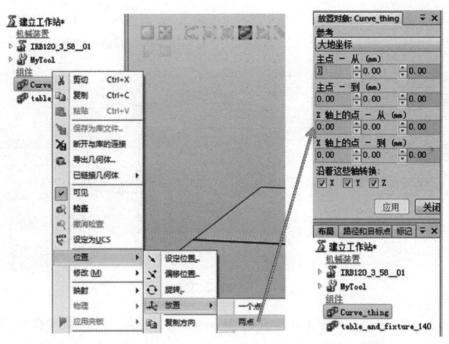

图 6-26　放置"CurveThing"

步骤 **11**　在"Freehand"功能区中选择"大地坐标"并单击"移动"按钮，然后选择部件前面底部棱边的两个端点作为"主点"，选择操作台的模块前面上部棱边的两个端点作为"从点"，按照顺序将第一点和第二点对齐，第三点和第四点对齐，对应点位的坐标值将自动显示在框中，最后单击"应用"按钮，部件便被放置在操作台的准确位置上，如图 6-27 所示。

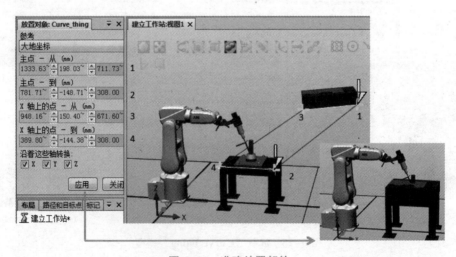

图 6-27　准确放置部件

步骤 **12**　在"基本"菜单中选择"机器人系统"—"从布局"，弹出"从布局创建系统"对话框，可以更改系统名称和目录，然后单击"下一步"按钮，如图 6-28 所示。

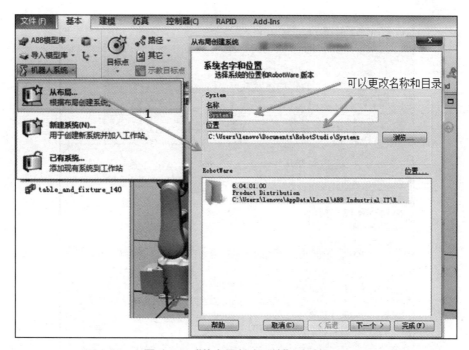

图 6-28　"从布局创建系统"对话框

步骤 13　在"从布局创建系统"对话框中勾选相应的机械装置，单击"下一步"按钮，将显示概况，最后单击"完成"按钮，如图 6-29 所示。

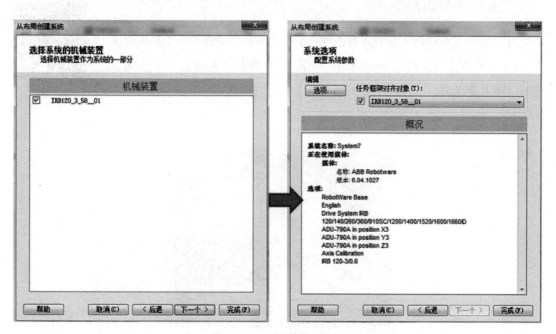

图 6-29　机械装置及概况

步骤 14　完成后系统自动启动"空间站控制器"，配置时显示红色，配置成功则显示绿色，如图 6-30 所示。

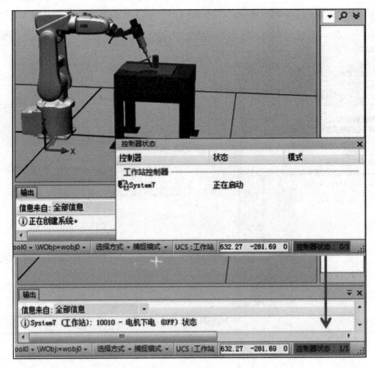

图 6-30 "空间站控制器"配置成功

二、工业机器人手动的操作

手动操作工业机器人的模式有 3 种：手动关节、手动线性、手动重定位。

（1）手动关节。在"Freehand"功能区中单击"手动关节"按钮，选择工业机器人的一个轴（轴 3）则可以手动完成"关节"的相应动作，如图 6-31 所示。

手动操纵工业
机器人

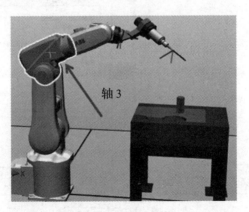

图 6-31 手动关节

（2）手动线性。在"Freehand"功能区中单击"手动线性"按钮，选择工业机器人的一个轴（轴 2）则可以手动完成"上下、左右、前后"的线性运动，如图 6-32 所示。

（3）手动重定位。在"Freehand"功能区中单击"手动线性"按钮，选择工业机器人的一个轴（轴6）可以手动完成"重定位"运动，如图6-33所示。

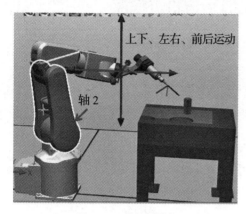

图6-32　手动线性

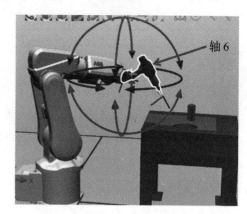

图6-33　手动重定位

知识链接

RobotStudio仿真软件基本操作

在操作RobotStudio仿真软件时，使用快捷键可以大大提高工作效率。RobotStudio仿真软件常用快捷键及说明见表6-2。

表6-2　快捷键及说明

快捷键	说明
Ctrl+N	创建工作站
Ctrl+S	保存工作站
Ctrl+J	导入模型库
Ctrl+G	导入几何体
Ctrl+O	打开工作站
Ctrl+R	示教目标点
Ctrl+F5	打开虚拟示教器
Ctrl+ 鼠标左键	平移工作站
Ctrl+ 鼠标右键	缩放工作站
Shift+ Ctrl+ 鼠标左键	旋转工作站
Shift+ 鼠标右键	使用窗口缩放
Shift+ 鼠标左键	使用窗口选择
Ctrl+ Shift+R	示教器运行指令
F1	打开帮助文档
F4	添加工作站系统
F10	激活菜单栏
Ctrl+B	截屏

任务3 创建工件坐标系与轨迹程序

任务描述

在对工业机器人进行编程时，工件坐标有助于用户在工件中创建目标和路径。那么，在仿真软件中如何创建工件坐标呢？本任务将讲解如何在仿真软件中创建工件坐标，读者将在操作软件的过程中理解轨迹程序的相关设置。

任务目标

1. 掌握工件坐标的创建方法。
2. 掌握轨迹程序的创建方法。

任务实施

一、创建工件坐标系

下面介绍采用三点方式创建工件坐标的方法。

步骤1 在"基本"菜单中选择"其他"—"创建工件坐标"，弹出 "创建工件坐标"对话框，用户可更改坐标系名称，如图6-34所示。

RS 创建工件坐标系

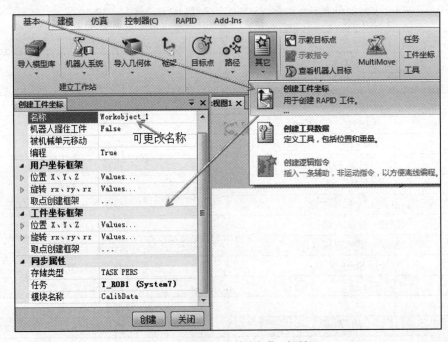

图6-34 "创建工件坐标"对话框

步骤2 在"创建工件坐标"对话框中单击"取点创建框架",再单击其右侧的下拉按钮,在弹出的对话框中选择"三点",然后依次拾取工件表面上的"X1、X2、Y1"3个点,并且单击"Accept"按钮接受,最后单击"创建"按钮,则工件坐标创建成功,如图6-35所示。

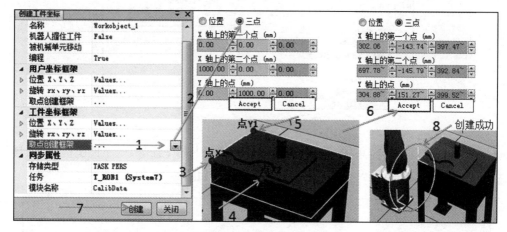

图6-35　创建工件坐标

二、轨迹程序的创建

目标轨迹:安装在法兰盘上的工具MyTool在工件坐标系workobject_1中沿着对象边缘行走一圈所得到的路径(路径轨迹由机器人手臂所能到达的范围确定),如图6-36所示。创建轨迹程序的操作步骤如下:

RS 创建轨迹程序

图6-36　目标轨迹

步骤1 在"基本"菜单中选择"路径"—"空路径",系统会加载"Path_10",如图6-37所示。

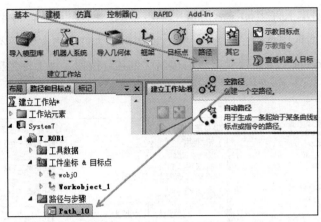

图 6-37 加载"空路径"

步骤 2 在"基本"菜单中，设置"设置"功能区中的"任务""工件坐标""工具"3个选项，以及窗口底部的"信息状态栏"中的参数，如图 6-38 所示。

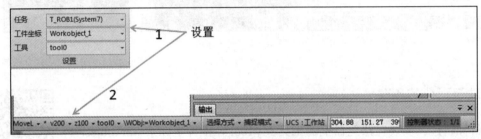

图 6-38 参数设置

步骤 3 在"基本"菜单中选择"Freehand"功能区中的"手动关节"，将工业机器人拖动到安全、适当的位置，作为轨迹的起点，如图 6-39 所示。

图 6-39 拖动机器人到安全、适当的位置

步骤 4 在"基本"菜单中选择"路径编程"功能区中的"示教指令"，在弹出的信息对话框中单击"是"按钮，则生成新创建的运动指令，如图 6-40 所示。

步骤 5 在"基本"菜单中选择"Freehand"功能区中的"手动线性"，将工业机器人拖动到目标轨迹的第一个点，选择"路径编程"功能区中的"示教指令"，在弹出的信息对话框中单击"是"按钮，则生成起始点到第一点的运动指令，如图 6-41 所示。

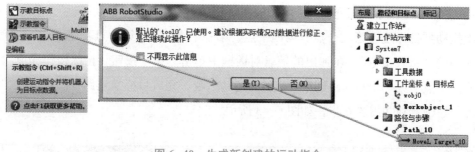

图 6-40 生成新创建的运动指令

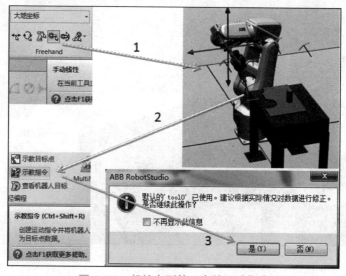

图 6-41 起始点到第一点的运动指令

步骤 6 在"基本"菜单中选择"Freehand"功能区中的"手动线性"，将工业机器人拖动到目标轨迹的第二个点，选择"路径编程"功能区中的"示教指令"，在弹出的信息对话框中单击"是"按钮，则生成第一点到第二点的运动指令，如图 6-42 所示。

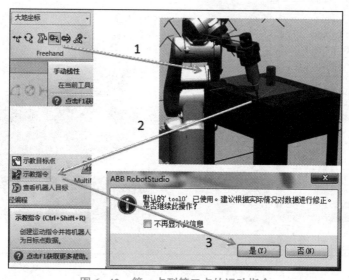

图 6-42 第一点到第二点的运动指令

步骤 7 在"基本"菜单中选择"Freehand"功能区中的"手动线性",将工业机器人依次拖动到目标轨迹第三个点、第四个点、第一个点(回到第一点),选择"路径编程"功能区中的"示教指令",在弹出的信息对话框中单击"是"按钮,按照操作完成第三个点、第四个点、第一个点(回到第一点)的运动指令,完成目标轨迹路径。可以在"路径与步骤"栏中看到共需要6步,如图6-43所示。

图6-43 完成目标轨迹路径

步骤 8 鼠标右键单击"Path_10",在弹出的快捷菜单中选择"配置参数"—"自动配置",完成轨迹相关的参数配置,如图6-44所示。

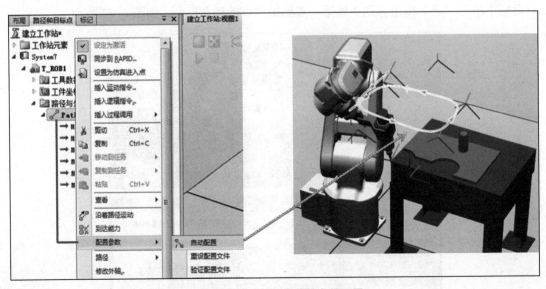

图6-44 完成轨迹相关的参数配置

步骤 9 　鼠标右键单击"Path_10"，在弹出的快捷菜单中选择"沿着路径运动"，然后检查工业机器人运动是否正常，如图 6-45 所示。

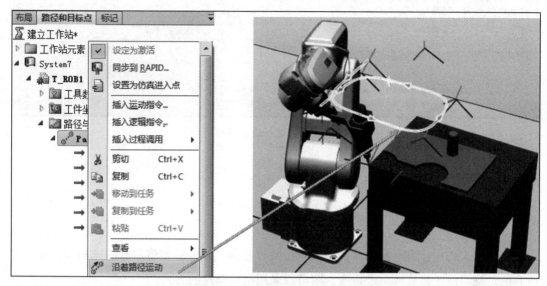

图 6-45　检查工业机器人运动是否正常

步骤 10 　在"基本"菜单中选择"同步"—"同步到 RAPID"（同步到 RAPID 是将工作站对象与 RAPID 代码匹配；同步到工作站是将 RAPID 代码与工作站对象匹配），在弹出的对话框中勾选需要匹配的选项，单击"确定"按钮，如图 6-46 所示。

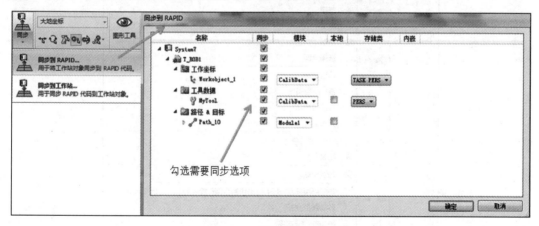

图 6-46　同步到 RAPID

步骤 11 　在"仿真"菜单中选择"仿真设定"，在弹出的"仿真设定"对话框中勾选"T_ROB1"，并且设置"T_ROB1"的进入点为"Path_10"，然后单击"关闭"按钮，则完成仿真功能设定，如图 6-47 所示。

步骤 12 　在"仿真"菜单中单击"播放"按钮 ，工业机器人会按照示教的轨迹进行运动。单击"保存"按钮 对工作站的所有设置进行保存。

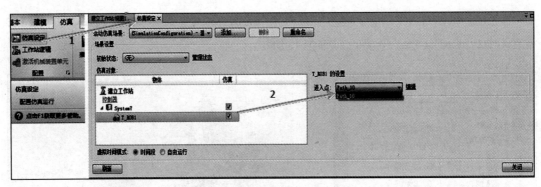

图 6-47　完成仿真功能设定

知识链接

使用 RobotStudio 批量调整轨迹

在实际工作中，有时候需要调整的点位数量很多，例如需要将所有的点抬高，或者将所有的点绕当前工具旋转一定角度，则可以采用批量调整的方式。

通过"RAPID"菜单中的"路径编辑器"即可实现快速调整，而且具有图形化显示效果。具体操作步骤如下：

步骤1　选择对应路径，鼠标右键单击"RAPID 路径编辑器"，如图 6-48 所示。

		Path_10	
6	CONST		
7	CONST	剪切	Ctrl+X
8	CONST	复制	Ctrl+C
9	CONST	粘贴	Ctrl+V
10	!****	选择全部	Ctrl+A
11	!		
12	! Modul	转至定义	
13	!	查找所有引用	
14	! Descr		
15	! <In	转至可视化	
16	!	添加监测	
17	! Autho		
18	!	将所选项保存为 Snippet	
19	! Versi		
20	!	比较	▶
21	!****		
22	!	触发断点	F9
23	!		
24	!****	将程序指针设为所有任务中的主例行程序(M)	Ctrl+Shift+M
25	!	移动PP到光标	
26	! Proce	移动PP到子程序	
27	!		
28	! Thi	转至程序指针(P)	
29	!	转至运动指针(Q)	
30	!****	跟随程序指针(F)	
31	PROC ma	RAPID 数据编辑器	
32	!Ad		
33	ENDPROC	RAPID 路径编辑器	
34	PROC Path_10()		
35	MoveL Target_10,v800,z100,tool\WObj:=wobj0;		
36	MoveL Target_20,v800,z100,tool\WObj:=wobj0;		
37	MoveL Target_30,v800,z100,tool\WObj:=wobj0;		

图 6-48　RAPID 路径编辑器

步骤 2 可以直接拖动某个点，修改其位置和姿态，如图 6-49 所示；也可选中整个轨迹中的所有点进行调整，如可通过调整"偏移值"（即增量）来将所有点根据当前位置偏移或旋转一定距离或角度，如图 6-50 所示。

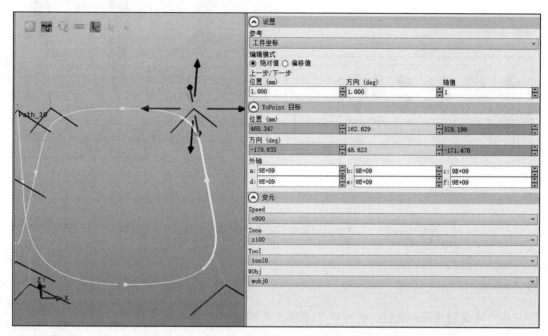

图 6-49　修改点的位置和姿态

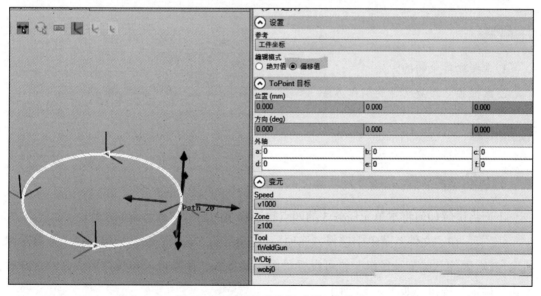

图 6-50　用"偏移值"对所有点修改

步骤 3 可以在"工具"下拉列表中选择"Gun"以方便查看，如图 6-51 所示。选择单个点、多个点或者整个 routine 一起移动，便可直接调整位置，如图 6-52 所示。

图 6-51 选择工具"Gun"

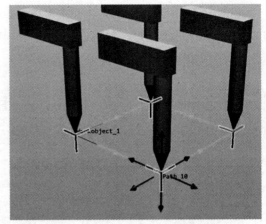

图 6-52 整个 routine 一起移动

▶ 任务 4   软件录制和独立播放文件制作

任务描述

用户可通过 RobotStudio 软件将工业机器人的运动仿真录制成视频，这样可以更生动形象地展示其工作状态，便于调试和交流。本任务将讲解如何将工作站的工业机器人运行仿真录制成视频，并制作成独立的播放文件。

任务目标

1. 掌握软件录制的方法。
2. 掌握独立播放文件的制作方法。

任务实施

一、将运动仿真录制成视频

下面将讲解如何将本单元任务 3 的四点轨迹程序的运行仿真录制成视频。

步骤 1 在"文件"菜单中选择"选项"，在弹出的"选项"对话框里选择"屏幕录像机"，在右侧的"屏幕录像机"栏可设置录像相关参数、存盘目录和视频格式，设置好后单击"确定"按钮，如图 6-53 所示。

步骤 2 在"仿真"菜单中单击"仿真录像"按钮，系统开始录制仿真动画视频。录制过程中可以执行"暂停""停止""重置"等操作，录制完成后单击"查看录像"按钮即可播放录制的视频。单击"保存"按钮，则对工作站进行保存。如图 6-54 所示。

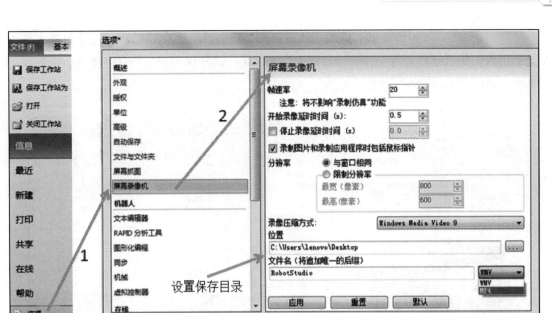

图 6-53　"屏幕录像机"的设置

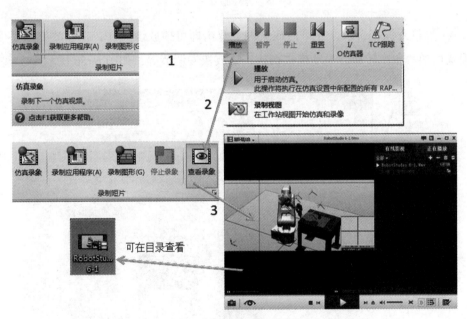

图 6-54　录制仿真动画视频

二、制作独立播放文件

RobotStudio 软件还可将运动仿真制作成独立格式的播放文件，即保存成"EXE"格式的播放文件，这样，即使计算机没有安装播放器也可以播放，播放时可以通过不同的视图或显示模式查看工业机器人的运动情况，并可以调整播放快慢等。

步骤 1 在"仿真"菜单中单击"录制视图"按钮，系统会自动启动工业机器人进行运动仿真，仿真结束之后，打开"另存为"文件夹，选择保存目录、命名文件、选择保存类型，最后单击"保存"按钮，如图 6-55 所示。

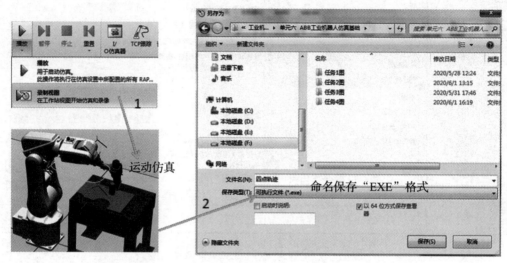

图 6-55 保存独立播放文件

步骤 2 打开保存目录，在可播放文件上双击即可播放该文件，在播放界面还可进行视图模式切换、角度转换、显示模式切换、播放快慢调节等，如图 6-56 所示。

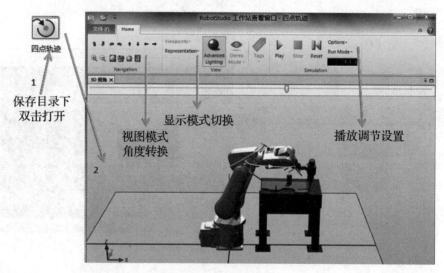

图 6-56 播放文件设置

知识链接

离线轨迹编程的关键

在离线轨迹编程中，最重要的三步是图形曲线的创建、目标点的调整、轴配置参数的调整。

1. 图形曲线

（1）可以先创建曲线再生成曲线，还可以通过捕捉 3D 模型的边缘进行轨迹的创建。在创建自动路径时，可以用鼠标捕捉边缘来生成工业机器人运动轨迹。

（2）对于一些复杂的 3D 模型，在导入 RobotStudio 中后，某些特征会丢失。对此，在导入之前绘制相关曲线，便可在导入后直接将已有的曲线直接转化成工业机器人轨迹。

（3）生成轨迹时，需要根据实际情况选取合适的近似值参数并调整参数大小。

2. 目标点调整

有时单用一种方法很难一次将目标点调整到位，尤其是在对工具姿态要求很高的工艺场合，此时可综合运用多种方法进行多次调整，即先将某个目标点调整好，其他目标点的某些属性可以参考这个目标点进行方向校准。

3. 轴配置参数

在对目标点进行轴配置的过程中，会出现相邻两个目标点之间的轴配置变化过大，在轨迹运行过程中无法完成轴配置的现象。一般可以采取如下方法调整：

（1）轨迹起始点使用不同的轴配置参数；勾选"包含转数"之后再选择轴配置参数。

（2）更改轨迹起始点位置。

（3）运用其他的指令，如 Sing Area、confl、confj 等。

技能检测

一、选择题

1. RobotStudio 对电脑操作系统的要求是（　　　　）。

    A. Windows XP 及以上　　　　　　　　B. Windows 7 及以上

    C. Windows 2008 及以上　　　　　　　D. Windows 98 及以上

2. 工件坐标系中的用户框架是相对于（　　　）创建的。

    A. 大地坐标系　　　B. 基坐标系　　　　C. 工件坐标系　　　D. 工具坐标系

3. 工业机器人运行一个圆形轨迹，至少需要执行（　　　）条 MoveC 指令。

    A. 1　　　　　　　B. 2　　　　　　　C. 3　　　　　　　D. 4

4. ABB 工业机器人标配的工业总线为（　　　）。

    A. Profibus DP　　　B. CC-Link　　　　C. DeviceNet　　　D. Field Bus

5. 轨迹类应用中不常用的数据类型为（　　　）。

    A. 有效载荷数据　　B. 工具类坐标数据　C. 工件坐标系数据　D. 大地坐标系数据

二、简答题

1. RobotStudio 包括哪些功能？

2.RobotStudio 软件界面包含哪些菜单？

3. 在离线轨迹编程中，最为关键的三步是什么？

4. 在 RobotStudio 中，如何将工件沿 X 轴移动一定的距离？

5. 如何对运动仿真进行视频录制？

三、实操题

1. 根据布局好的工作站完成工业机器人系统的创建和工件坐标系的设置。

2. 导入仿真程序并试运行工作站，最后完成仿真视频录制。提示：本单元以仿真软件基本操作应用为主，可以根据实际情况创建合适的工作站，录制好之后再分组互相点评。

参考文献

1. 翟东丽，谭小蔓，周华. ABB 工业机器人实操与应用 [M]. 重庆：重庆大学出版社，2019.

2. 余丰闯，田进礼，张聚峰. ABB 工业机器人应用案例详解 [M]. 重庆：重庆大学出版社，2019.

3. 牟富君. 工业机器人技术及其典型应用分析 [J]. 中国油脂，2017，第 42 卷（4）：157-159.

4. 张宏立，何忠悦. 工业机器人操作与编程（ABB）[M]. 北京：北京理工大学出版社，2017.

5. 雷旭昌，王定勇. 工业机器人编程与操作 [M]. 重庆：重庆大学出版社，2018.

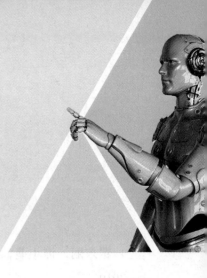

附录

安全操作规程与注意事项

机器人系统结构复杂，涉及机、电及程序控制，若操作不当，会引发安全事故，在学习和工作中，要始终把安全放在第一位，严格遵守安全操作规程。

项目	操作规程及注意事项
注意安全	在操作工业机器人之前，应先按工业机器人及示教器上的急停键，以检查"伺服准备"的指示灯是否熄灭，并确认其他电源已关闭。 接通工业机器人的电源，或用示教器编程移动工业机器人，或试运行时，应先确认工业机器人动作范围内没有人或障碍物。
紧急停止	在紧急情况下，按急停键优先于其他任何操作，它会断开工业机器人电动机的驱动电源，停止所有运转部件，并切断由系统控制且存在潜在危险的功能部件的电源。
安全距离	在调试或运行工业机器人时，它可能会执行一些意外的或不规范的动作，而且机械部件的力量很大，所以要时刻与工业机器人保持足够的安全距离。
作业区安全	在工业机器人周围设置安全围栏并加装可靠的安全联锁装置，防止人员误入，确保作业区安全。在安全围栏的入口处张贴警示牌。 备用工具及器材应放在安全围栏外的合适区域。
工作中安全	如果在保护空间内有工作人员，请手动操作工业机器人系统；进入保护空间时，请准备好示教器，以便随时控制机器人。 注意旋转或运动的工具，例如切削工具，确保在接近工业机器人之前这些工具已经停止运动。 注意工件和机器人系统的高温表面，避免烫伤。 确保夹具夹好工件，避免工件脱落致伤。停机时，夹具上不应置物。 注意液压、气压系统以及带电部件，即使断电，电路上的残余电量也具有危险性。

续表

项目	操作规程及注意事项
⚠ 示教器安全	示教器不使用时，应放到控制柜上的固定座内，以防意外掉落。 避免踩踏示教器电缆。 切勿使用尖锐器物（例如螺钉、刀具或笔尖）操作触摸屏，这样会使触摸屏受损。应用手指或触摸笔去操作示教器触摸屏。 定期清洁触摸屏，清洁时避免灰尘颗粒划伤屏幕。 切勿使用溶剂、洗涤剂或擦洗海绵清洁示教器，应使用软布蘸少量水或中性清洁剂清洁。 未连接 USB 设备时务必盖上 USB 端口的保护盖，避免灰尘侵入而引起故障。
⚠ 手动模式下的安全	在手动减速模式下，工业机器人只能进行减速运动。在安全保护空间内工作时，应始终以手动模式进行操作。 在手动全速模式下，工业机器人以程序预设速度运动。应用手动全速模式时，应确保所有人员都处于安全保护空间之外，且操作人员必须经过专业培训。
⚠ 自动模式下的安全	控制柜有 4 个独立的安全保护机制，分别为常规模式安全保护停止机制（GS，在任何操作模式下都有效）、自动模式安全保护停止机制（AS，在自操作模式下有效）、上级安全保护停止机制（SS，在任何操作模式下都有效）和紧急停止机制（ES，在急停按钮被按下时有效）。 自动模式用于在生产中运行机器人程序。在自动模式下，常规模式安全保护停止机制、自动模式安全保护停止机制和上级安全保护停止机制都将处于活动状态。
⚡ 当心触电	进行安装、维修、保养时，切记将总电源关闭，带电作业可能会导致致命性后果。 收到停电通知后，要预先关断工业机器人的主电源及气源。突然停电后，要及时关闭机器人的主电源开关，并取下夹具上的工件。
⚠ 当心静电	静电放电（ESD）是电势不同的两个物体间的静电传导，它可以通过直接接触传导，也可以通过感应电场传导。搬运部件或部件容器时，未接地的人员可能会传递大量的静电荷，放电过程可能会损坏敏感的电子设备。所以在有此标识的情况下要做好静电放电防护。例如，操作电气控制柜内的电气元件时，要佩戴静电手环。

图书在版编目（CIP）数据

工业机器人基础与实用教程 / 王元平，李旭仕主编
. -- 北京：中国人民大学出版社，2021.2
21世纪技能创新型人才培养规划教材. 人工智能系列
ISBN 978-7-300-28995-3

Ⅰ. ①工… Ⅱ. ①王… ②李… Ⅲ. ①工业机器人－
教材 Ⅳ. ① TP242.2

中国版本图书馆 CIP 数据核字（2021）第 022598 号

21世纪技能创新型人才培养规划教材·人工智能系列
工业机器人基础与实用教程
主　编　王元平　李旭仕
副主编　欧阳雅坚　马党生　刘伟荣　李龙
Gongye Jiqiren Jichu yu Shiyong Jiaocheng

出版发行	中国人民大学出版社		
社　　址	北京中关村大街 31 号	邮政编码	100080
电　　话	010 - 62511242（总编室）	010 - 62511770（质管部）	
	010 - 82501766（邮购部）	010 - 62514148（门市部）	
	010 - 62515195（发行公司）	010 - 62515275（盗版举报）	
网　　址	http://www.crup.com.cn		
经　　销	新华书店		
印　　刷	北京昌联印刷有限公司		
规　　格	185mm×260mm　16 开本	版　次	2021 年 2 月第 1 版
印　　张	15	印　次	2021 年 2 月第 1 次印刷
字　　数	313 000	定　价	39.00 元